Python

Grodet Aymeric・松本 翔太・新居 雅行 共著

基礎ドリル

穴埋め式

Ohmsha

本書を発行するにあたって、内容に誤りのないようできる限りの注意を払いましたが、本書の内容を適用した結果生じたこと、また、適用できなかった結果について、著者、出版社とも一切の責任を負いませんのでご了承ください。

まえがき

　プログラミングへの注目は昔からありますが、最近は小中学校教育にも取り入れられるなど、プログラミングに触れる機会はさらに増える傾向にあります。プログラミングは特殊なことではなく、皆が行う普通のことになるのは時間の問題でしょう。様々なプログラミング言語がある中、Python の人気は増える一方で、最近では Python で初めてプログラミングを行ったという人も増えていると思います。また、2020 年の情報処理試験からは Python に関する問題が出されるようになり、まさに最もメジャーな言語の 1 つといえる状況になりました。

　プログラミングの書籍や教材も豊富にあり、学習の機会はいくらでもあるので、例題に沿ってプログラムを入力するような方法で学習をした方も多いでしょう。その次に取り組むのは、演習問題をもとにして 1 からプログラムを作るようなことです。そこで手が止まってしまって 1 行も書けないと悩む方も多いと思います。一方、ともかく何かコードを入れてみて、実行を繰り返し…というトライ＆エラーを繰り返して、自分で記述できるようになるまでがんばった方も多いと思います。しかし、プログラミングの上では、「他の人が作ったプログラムを理解して修正する」といった、さらに難しい取り組みを要求されることがあります。チームで開発したり、オープンソースの開発に関わるというのはまさにそうした場面が通常になります。情報処理試験の問題を解くのも同様な能力を要求されます。そこまでの能力を持つことができればもちろん高いスキルとなり、プロフェッショナルになるための入り口に立てるともいえるでしょう。ドリル形式の本書はそうしたスキルを鍛えるための書籍です。

　Python に入門してある程度のプログラムが作れるようになった方に、さらにステップアップするための取り組みとして利用していただきたい書籍です。全問選択肢を示さない穴埋めであり、プログラムの全体を把握して理解しないと解答できない問題ばかりです。そして、問題ページの裏など見えないところに解答例とプログラミング上知っておきたい事柄などを含めた解説もあり、解答をじっくり考えた後に知識のフォローアップも可能です。時々ひねくれた問題もありますが、ひねくれることができることこそプログラミングの自由度と醍醐味でもあります。本書を通じて Python そしてプログラミングを思考する楽しみを共有できれば嬉しい限りです。

2020 年 3 月

筆者一同

目次

Contents

Chapter 1　基本文法　－リテラル、変数、文字列、式－

Chapter 2　実行制御　－繰り返し、条件分岐、関数、ラムダ－

Chapter 3　データ構造　－リスト、タプル、辞書、集合、クラス－

Chapter **4**　例外処理とエラー対応

Chapter **5**　正規表現

Chapter **6**　入力と出力　－ファイル、システム－

Chapter **7**　並行処理

Chapter 8　データサイエンスと機械学習

付録　　　　　　　　　　　　　　　　　　　　　　　　　　　205

Python ミニ知識

プログラミングミニ知識

数学ミニ知識

Python で書かれた
プログラムを実行する方法

　本書に取り組むみなさんはすでに Python を十分にご存知の方もいらっしゃるかもしれませんが、これから学習される方もいらっしゃると思います。問題を解き始める前に、Python のプログラムを動かす方法を簡単に説明しておきます。この後から始まる各章の問題は、もちろん、紙面をみながら頑張って解答を作られてもいいのですが、実際に動かしながら解答を探すことでも十分に学習効果はあります。また、紙面だけで解答を導き出した方でも、解答をみながら実際に動かしてみるということもしたくなるでしょう。Python を稼働させる方法は非常にたくさんあります。そこで、簡単な方法と、データサイエンスや機械学習といった発展的な応用につながる方法、そしてよく利用されている統合開発環境 (IDE) を説明します。

手軽に利用できるオンラインサービス Repl.it

　まず、お手軽な方法としては、オンラインサービスを使うことがあります。Repl.it（URL は https://repl.it/）を紹介します。サイトを表示すると、Sign up と書かれた箇所があるので、オンラインでサインアップします。ユーザ名とパスワード、メールアドレスを入力するだけで、登録ができます。フリーで利用できます。なお、登録しなくても利用はできますが、プログラムが保存できないので、登録した上で利用するのがよいでしょう。フリーで登録すると、作成したコードは他の人から参照できる状態になりますが、有償プランだと自分しか見えないようにもできたり、実行速度がより速いなどの特典もあります。

　ログインを行うと、ページの上部に「+ new repl」というボタンがあるので、それをクリックして、新たにプログラムを記述する領域を用意します（図 1）。もちろん、フォルダを作ってその中に入れても構いません。「+ new repl」をクリックした後、最初のポップアップメニューで Python をクリックします。3 つの入力枠がありますが、「Name your repl」の部分だけを記述すればよく、ここでは「Chapter1」と手入力しました。そして、「Create repl」をクリックします。

　すると、3 つの区分に分れた画面が出てきます（図 2）。一番左は、この領域にあるファイルやフォルダを一覧するもので、main.py という 1 つのファイルだけが見えています。幅の広い 2 つの領域のうち、左側の白い背景のところに Python のプログラムを打ち込みます。関数などのキーワードの文字を途中まで打ち込むと、

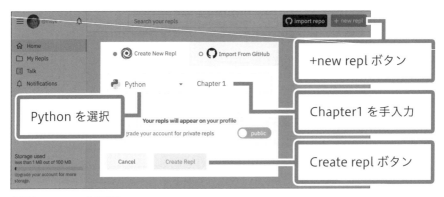

▲ 図 1　+new repl の画面

引数も含めて補完するような高度な機能もあります。右側の黒い背景は、コマンド
ラインで利用するコンソールの画面をイメージしているものだと思われますが、こ
こに実行結果がテキストで表示されます。プログラムの実行は、もちろん、上部に
ある「run」ボタンをクリックします。このプログラムだと、単に「320」と右側に
出てくるだけで一見するとわかりづらいですが、すぐに慣れるでしょう。

　本書のプログラムは問題ごとに分かれていますので、それぞれで「+ new repl」
で別々の領域を作るのもちょっと整理がつかない感じです。せっかく複数のファ
イルを管理する機能があるので、うまく利用しましょう。ただし、ファイルを複数
作っても、そのままでは run で実行されるのは main.py です。.replit ファイル
を作って「run = "python ex1.py"」のように入力して任意のファイルを実行させ
られますが、それでも run で稼働するのは 1 つのファイルです。そこで、例えば、
問 1-1、問 1-2 とそれぞれのプログラムを作る場合、左側のリスト上部でファイル
のアイコンをクリックして、Ex1_1.py、Ex1_2.py というファイルを作り、それぞ

▲ 図 2　プログラミング画面

れのファイルの各問題のプログラムを記述します。そして、main.py には、「import Ex1_1」と記述すれば、基本的には、Ex1_1.py で記述したプログラムがそのまま動きます。この例だと、1-1 と 1-2 のプログラムが連続して実行されます（図3）。警告が出ていますが無視して問題ないでしょう。区別しづらい場合は、import の後に、「print("====")」などと区切りがわかりやすい文字を表示させればいいでしょう。

▲図3　実行例

　問題を Repl.it 上で検討したい場合は、GitHub のレポジトリから問題をインポートしてください。「import repo」ボタンをクリックして、以下の URL を入力します。手入力する場合は、agrodet 以降で構いません。

https://github.com/agrodet/python-drill-questions

　上記 URL のページからは、問題のプログラム一式もダウンロードできます。Repl.it ではなく、IDE などで Python を利用している方も、問題の入手にご利用ください。

　なお、上記サイトは予告なく終了される場合があります。

Jupyter Notebook を利用する

　Web ブラウザ上で、プログラムを入力して即座に実行できる Jupyter を使うという方法もあります。Python のインストールが終わっていれば、コマンドラインで「pip3 install jupyter」と入力して、インストールを行ってください。インストール後、コマンドラインで「jupyter notebook」とタイプするとブラウザで利用できるようになります。なお、カレントディレクトリを Documents にするなど、書き込み可能なフォルダにしてコマンドを打ち込むのがよいでしょう。終了するにはコマンドを打ち込んだ画面で、Ctrl + C キーを押します。

　少し待つと、Webブラウザのアプリケーションに Jupyter と書かれたページが表示されます。通常、ここでは jupyter コマンドを利用したときのカレントディレクトリの内容が一覧されています。Jupyterでも、作成したプログラムは1つのファイルに保存されます。ファイルを作る前に、例えば、ここから別のフォルダへ移動したり、新たなフォルダを作成して、後からファイルを整理しやすいようにしておけば良いでしょう。ファイルを作成したいフォルダに移動し、「New」ボタンをクリックして、「Python 3」を選択します。

▲図4　Jupyter

　すると、In[　]というラベルが記述された入力枠が見えます。ここに、Pythonのプログラムを入力して、Runボタンをクリックすればプログラムを実行でき、結果はプログラムのすぐ下のところで確認できます（図5）。枠に入力してRunをクリックすると、次々と枠が増えるので、異なるプログラムをそれぞれの枠に入力してもいいのですが、Jupyterは1つのページの別々に書かれた枠であっても、まとめて実行されるので、ある枠で定義した変数は別の枠で参照できます。場合によっては、問題ごとにファイルを分けないと検証できないかもしれません。

▲図5　Jupyterでの実行

　ファイルの保存は、ページ上部のアイコンが並んでいる部分で、一番左のフロッピーディスクのアイコンをクリックして行えますが、2分間に1度の割合で自動的に保存されているので、あまり気にしないでもいいかもしれません。なお、ファイル名は最初に Untitled になっています。ファイル名を変更するには、ページ上部の「Untitled」と書かれた部分をクリックして、付けたい名前をキータイプして

Rename ボタンをクリックしてください（図 6）。

▲図6　ファイル名の変更

Python 用の IDE の代表 PyCharm

　Python が使える統合開発環境（IDE）は、たくさんありますが、フリーでかつ十分な機能がある PyCharm（https://www.jetbrains.com/pycharm/）がよく利用されています。有償版と無償の Community 版がありますが、本書の範囲内であれば、無償版で利用できるでしょう。IDE は機能豊富なので、ここでは概要のみの説明とします。なお、Python そのもののインストールをしておく方が確実なので、Python を予めインストールしておいてください。

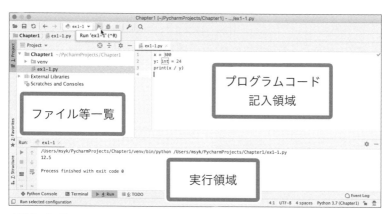

▲図8　PyCharm

　ファイルを保存するフォルダを作成し、そのフォルダを PyCharm で開きます。その中に、Python のプログラムを作成し、右側でコードの入力を行います。ファイルを作成するには、ファイル含めたいフォルダを右クリックして、New メニューから Python File を選択し、名前を入力すれば作成可能です。実行するには、Run メニューの Edit Configurations を選択して、Python Script を実行する設定を作成し、ツールバーの Run ボタンを利用します。設定を作成すれば、その設定を、Run ボタンの左側のボタンをクリックして選択し、Run をすることで、実行するファイルを使い分けることができます。

本書の凡例など

プログラムコード類のフォントほか

本書では、以下のフォントを使用しています。

```
1234567890
ABCDEFGHIJKLMNOPQRSTUVWXYZ
abcdefghijklmnopqrstuvwxyz
@!"#$%&'^^|/\*-+?.,:;_
(){}[]<>
```

\ （バックスラッシュ）は、お使いの環境では ¥ マークが表示される場合があります。

Python 標準ドキュメント

Ver.3 系の標準ドキュメントは、https://docs.python.org/ja/3/ で公開されています。本書の執筆時にも参照しました。

省略文字、スペース文字

本書では、数列などの一部を 　...　 で省略している場合があります。

また、正規表現などにおいては、　␣　を半角スペースとしています。

その他

本書で使用した Python などは、執筆時点のものです。

問の★マークは難易度です。

各解答は 1 例です。他の正答を探すなど、お楽しみください。

Python のインストール

Python は、OS ごとに用意されているインストーラを使ってインストールするのが手軽な方法です。以下のページでは「Download Python x.x.x」ボタンで使用しているコンピュータの OS に応じた最新版のインストーラがダウンロードできます。

https://www.python.org/downloads/

基本文法
− リテラル、変数、文字列、式 −

　Python のプログラムはもちろんテキストで記述されます。プログラムは、1つひとつのステップが規則に従って順次実行あるいは処理されることによって、何らかのまとまった結果を得るようなものです。その 1 つのステップは一般には**ステートメント**と呼ばれますが、Python では特に言葉では定義されていません。そのステップは 1 行ないしは複数の行で表現されます。

　行は、何らかの行区切りで区切られた範囲です。**行末のコード**は OS に依存することが多いですが、いくつかの代表的な行末のコードに対応しているので、入力する時には改行入力は気にしないで、Enter キーや Return キーなど、通常使っているキーで入力すればよいでしょう。なお、本来は 1 行に記述しなければならないものの、長いので複数の行に分離したい場合は、**バックスラッシュ** (\) を行末に記述します。これにより、次の行にまだ続くことを明示できます。ただし、任意の場所で切っていいわけではありません。

1.1　リテラル

　プログラム中に直接記述されたデータを**リテラル**と呼びます。例えば、数値計算する時、その元になる数値をプログラム上に直接記述することができます。数値は、通常の表記通りで、「23」「45.8」「-32」などの表記ができます。「1.2e3」の

ように e があると浮動小数点数として扱われ、この場合は、1.2 × (10 × 10 × 10) つまり、1.2 掛ける 10 の 3 乗を示します。桁が多い場合には**アンダースコア**(_) で区切ることもできます。アンダースコアは無視されるので「60_000_000」は、6 千万を示します。また、末尾に j ないしは J を付与することで虚数を定義することもできます。複素数は実数と虚数の和で記述します。

　16 進数のリテラルは、「0x0F1A」のように、「0x」(ゼロエックス) に続いて、数字と A～F、a～f の文字を使って表現します。同様に **2 進数**、**8 進数**も表現でき、「0b01011001」「0o702」のように、「0b」(ゼロビー) や「0o」(ゼロオー) に続いて記述することで表現できます。

　文字列のリテラルは、シングルクォート、あるいはダブルクォートといった引用符で囲った中身が文字列となるものです。例えば、"Python" は、Python という 6 文字が入った文字列としてプログラムで記述できます。引用符は 2 種類ありますが、どちらも動作は同じです。もちろん、日本語も OK です。その場合、通常はプログラムを記述したファイルは **UTF-8** で保存されます。文字列中に、ダブルクォートなどを入れたいこともありますので、任意の文字列をリテラルとして記述できるように、**エスケープシーケンス**が定義されています。エスケープシーケンスには以下のようなものがあり、**バックスラッシュ**があれば、その次の文字と組み合わせて 1 つの文字に置き換わるのが基本動作です。その結果、バックスラッシュそのものを記述するには、バックスラッシュを 2 つ記述しなければならなくなっています。よく利用するのは改行の \n やタブの \t です。

■ エスケープシーケンス

\\ ［バックスラッシュ (\) ］	\' ［一重引用符(')］
\" ［二重引用符(")］	\a ［端末ベル(BEL)］
\b ［バックスペース(BS)］	\f ［フォームフィード(FF)］
\n ［行送り(LF)］	\r ［復帰(CR)］
\t ［水平タブ(TAB)］	\v ［垂直タブ(VT)］
\ooo ［8進数値oooを持つ文字］	\xhh ［16進数値hhを持つ文字］

\N{name} ［Unicode文字の名称をnameに指定］
\uxxxx ［16ビットの16進数値xxxxで表現できる文字］
\Uxxxxxxxx ［32ビットの16進数値xxxxxxxxで表現できる文字］

　通常の文字列リテラルは、その中に改行を含めるためには、\n と記述し、原則として 1 行に文字列そのものを納めないといけません。しかしながら、**三重引用符**、つまりシングルクォートあるいはダブルクォートを 3 つ連続させた引用符で囲えば、文字列中に改行が、次の行に流れてしまう改行そのものであっても問題ありません。例えば、

```
"""long
string"""
```

が例で、これだと、long と string の間に改行が含まれます。改行を含むかあるいは長い文字列を記述する時には便利です。

1.2　変数と式

　Python の**変数**は、他の言語と同様、名前をつけたデータ保存領域があって、そこに値を**代入する**ことで一定の範囲で記憶しており、その変数を**参照する**ことにより、覚えている値を取り出したりできます。変数名は**識別子**の記述に関わる定義に従います。一般には、半角のアルファベット、数字、アンダースコアだけを使って記述します。数字は 1 文字目にはあってはいけません。変数名はそこに記録されるデータを示す名前をつけるのがよいとされていますが、スペースを利用できません。そこで、スペースの代わりにアンダースコアを利用します。例えば、「Total Cost」を保存したい変数の場合は、total_cost という名前をつけるといった具合です。こうした変数名を始めとして、コード記述のルールとして、PEP8 という文書が公開されています。Python のプログラムを書く人は、必ず参照しておくべき文章です。

　変数へ代入するには、= を利用します。例えば、「total_cost = 10」とすれば、変数 total_cost に 10 という値が代入されます。つまり、= の左辺に変数、右辺には値を記述しますが、右辺は値になるものであれば OK で、他には「式」でも構いません。**式**は、**演算子**や（ ）を使って記述されるもので、数学の式と概ね同じです。利用される演算子は以下に列挙しました。なお、+ という演算子に対して、+= という**累積代入演算子**が定義されており、他の多くの演算子も同様です。これは、a = a + 1 の代わりに a += 1 のように記述できるもので、+ 以外には論理演算子を除いてほぼ全ての演算子で定義されています。

■ 演算子

```
+  -  *  **  /  //  %  @  <<  >>  &  |  ^  ~  <  >  <=  >=  ==  !=
or  and  not  in  not in  is  is not  x if c else y
```

　特徴的な演算子だけを紹介しておきます。+ 演算子は文字列に適用すると「結合」です。* 演算子を文字列に適用すると、右辺で整数を指定して、文字列を整数回繰り返した文字列を生成します。** はべき乗を行います。割り算は / ですが、整数の割り算の商は //、余りは % で得られます。@ は行列演算ですが、記述の方法は単純ではないので、Python 標準ドキュメントを調べてください。「& | ^」はビット単位でブール演算を、それぞれ AND、OR、XOR で行います。「x if c else y」は、c が True なら x、False なら y を返す演算子です。

　プログラムに変数を記述すると、基本的にその場で使えます。ただし、基本的には、変数が登場するところで変数への代入がなされないと意味が違ってくるので、最初に代入する記述があるのが基本です。

　変数は型による制約などはなく、任意のデータを記録できます。ある変数がある時には int、別の時には str ということもあり得ます。

1.3　数値の型とデータ処理

　Python が扱うデータには**型**があります。リテラルはその記述方法に応じて、適切な型を持ちます。**数値**は**整数**の int、**浮動小数点数**の float、**論理値**の bool、**複素数**の complex があります。特定の型にデータを変換したい場合は、int(a) などの関数を使う方法もあります。int(7/3) は、「2.3333...」がカッコ内の計算結果ですが、int により小数以下が切り取られて「2」になります。このように型を変える関数として、bin(n)、bool(n)、float(n)、hex(n)、int(n)、oct(n) があります。また、複素数を構築する complex(r, i) もあります。

　数値に関して使える組み込み関数（何も準備なく利用できる関数）には、**絶対値**を求める abs(n)、**最大値**を求める max(n, m, ...)、**最小値**を求める min(n, m, ...)、**べき乗の剰余**を求める pow(x, y, z)、**数値の丸め**を行う round(n, d) があります。pow 関数は z を省略すると z=1 と解釈し、x ** y と同じ結果になります。round は d を省略すると 0 とみなし、小数点の位置で丸めます。なお、round 関数は、中間点では偶数側を選ぶというのがあります。つまり、round(4.5) は四捨五入というルールなら 5 と思ってしまいますが、round の処理結果は 4 になり、その点から、丸めるという表現が使われています。

1.4　文字の型と書式化文字列

　文字列を示す型として、**str** という**識別子**が割り当てられています。文字列の長さを求めるには、len(n) という組み込み関数があります。**文字コード**を引数に取って、そのコードの文字を返す chr(n) 関数や、逆に引数の文字に対応する Unicode のコードを返す ord(n) 関数が利用できます。ちなみに日本語でも正しく動作します。漢字の「漢」という文字は、Unicode では「CJK UNIFIED IDEOGRAPH-6F22」と名付けられており、6F22 が 16 進数での文字コードです。つまり、chr(0x6F22) は「漢」という文字になります。

　文字列の中から文字列を探すには、文字列 "It's OK" が入っている変数を s とすると、s.find("OK") により、最初から 6 文字目に「OK」があるので 5 が求められます。最初の文字列にマッチすると 0 が得られ、見つからない場合には −1 が得られます。文字列の一部分を取り出すには、s[5:7] のように記述します。この場合は「OK」という文字列が得られます。

　書式化文字列として、リテラル以上の記述ができる機能もあります。文字列リテラルの前に **f** を記述すると、書式化文字列になります。もしくは、文字列に対して format メソッドを使います。1 つの代表的な使い方は、変数の値を文字列の一部に展開する仕組みです。書式化文字列の中に { 変数 } の記述があれば、その箇所が変数の値に置き換わった文字列になります。例えば変数 st が「OK」だった場合、f"I'm {st}" は、{st} の部分が変数 st の値「OK」と置き換わって「I'm OK」という文字列になります。一方、format メソッドを使う場合、文字列の中にある { } に対して、メソッドの引数が順番に割り当てられます。例えば、"{} is {}".format("cat", "fine") は、「cat is fine」という文字列が得られます。最初の文字列には f がありませんが、format メソッドを使っているので書式化文字列として解釈されます。

　書式化文字列では、{ } に色々な機能が込められています。例えば、変数 d が 13000 の場合、f"Data: {d:,}" の結果は、「Data: 13,000」になります。d の値が { } により文字列中に展開されるのですが、コロンに続いて、カンマがあります。このコロンは指定のための区切り文字で、コロン以降にあるカンマは、3 桁ごとにカンマ区切りで表示するという指定になります。また、変数 value が −4.5618 の時、f"{value:+08.3f}" は −004.562 となります。value: 以後の記述により全部で 8 桁を確保して、うち 3 桁を小数以下の表示に使います。切り捨て時は丸められます。f により値を浮動小数点数として扱い、+ により最初に数値の符号を必ず記述するようにします。0 は空白桁を必ず 0 で埋めるという意味です。

format メソッドを使う書式化文字列では引数をいくつも指定でき、文字列中では「{ 番号 }」として指定ができます。"{1}{0}".format("A", "Z") は、format の後の最初の引数が {0}、次の引数が {1} に展開されてるので、「ZA」という文字列になります。

このように、書式化文字列には色々な機能があるので、使いこなすとかなり強力です。

1.5　標準出力への出力

開発環境のコンソールなどへ文字列を出力するには、print 関数を使います。引数は 0 個から任意の個数まで指定できますし、様々な機能も持っていますが、単に引数に変数や文字列を含む式などを指定して使うことが多いでしょう。

1.6　別ライブラリの読み込み

Python の標準の関数はたくさんありますが、それだけでは機能は足りません。他に用意された**ライブラリ**を利用することで、多彩な機能を利用することができます。通常はよく利用するライブラリは Python の実行環境に含まれているので、「import ライブラリ名」と記述することで、ライブラリにある様々な関数などを利用できるようになります。ライブラリによく似た機能にモジュールやパッケージがあります。Python では読み込んで利用できるプログラムを**モジュール**と呼び、複数のモジュールを名前空間で集めたものを**パッケージ**と呼びます。ライブラリは言語上の表現ではなく、一般的な意味での「他にある使えるソフトウェア」であり、モジュールやパッケージを含む総称のように呼ばれます。

ライブラリ名は、ファイル名の文字列というよりも、変数名のような記述を行います。例えば、代表的なモジュールとして、数学で使う関数を利用できる math というのがありますが、「import "math"」ではなく「import math」のように指定をして読み込みます。その後、math という変数からライブラリの機能を利用するような記述を行います。つまり、math がオブジェクトとしてライブラリ全体を参照しており、ドット (.) につないで関数を指定して、例えば、「math.sin(0)」のようにして正弦の値を求めるということを行うのが代表的な使い方です。

なお、ライブラリの中の特定の関数だけを利用する方法として「from math import sin」のように、「from ライブラリ import 関数」といった記述を行います。ライブラリにあるのは関数に限りませんが、関数の場合で説明しました。こうすれば、sin(0) のように関数名だけでライブラリの中の関数を利用できます。

問 1-1（No.01）　円の面積を求める　　★

　円の面積を「半径×半径×円周率」という公式から求めたい。変数 r が半径として、以下のプログラムの空欄を埋めること。面積は、最後の print 関数で表示する。

```
import    ①


r = 10
pi = math.    ②
print(math.    ③    * pi)
```

問 1-2（No.02）　整数の割り算で商と余りを求める　　★

　整数の割り算を行い、結果をそれらしく表示したい。以前によく利用されていた表記法である「7 ÷ 2 = 3...1」（7 割る 2 は、3 余り 1）でコンソールなどに出力することにする。このように出力されるように、以下のプログラムの空欄を埋めよ。

```
dividend = 7
divisor = 2
quotient = dividend    ①    divisor
remainder = dividend    ②    divisor
print(    ③    )
```

解答 1-1

① math

② pi

③ pow(r, 2)

　Python では、基本的な数学の関数は、math モジュールを利用することで、手軽に利用できます。円周率は、math.pi で値が得られます。r の 2 乗を求めるには、math.pow(r, 2) を使います。組み込み関数の pow もありますが、問題文の記述だと math モジュールを使うことになります。もちろん、3 乗で 10 乗でも計算できます。これらの関数を読み込んで使えるようにするのが最初の行の import math です。math モジュールは Python の実行環境に必ず含まれているので、このような記述だけで使用可能です。

解答 1-2

① //

② %

③ f"{dividend} ÷ {divisor} = {quotient}...{remainder}"

　割り算の商や余りを求める場合、// 演算子や % 演算子が利用できます。商を求める場合、/ 演算子の結果を int 関数などで整数化しても得られますが、この問題の場合は、関数を書く場所はありませんので、// 演算子を利用します。余りも、商から求めることもできますが、この解答欄では % 演算子を記述するのが素直な解答でしょう。

　計算結果を、読みやすい文字列に並べるには、書式化文字列を使うのが 1 つの方法です。書式化文字列となるように、f を記してから文字列リテラルを記述すれば、その中には変数を実際の値に置き換える機能が利用できます。

　もっとも、この問題の場合は、書式化文字列を使わないで、文字列の結合で作成することもでき（例えば「dividend + " ÷ " + divisor + " = " + quotient + "..." + remainder」）、それももちろん間違いではありませんが、書式化文字列を使う方が、プログラムがぐっと読みやすくなりますね。

問 1-3（No.03）　平方根とべき乗の関係をプログラムで利用する　★★

平方根（2 乗すれば元の値になる数値、9 の平方根は 3 であり、すなわち 3^2 が 9 である）を求めるには、math モジュールの sqrt 関数を使えば簡単に求められることはよく知られている。では、ある数値の 3 乗根、4 乗根を求めたい場合があるとする。それぞれ、「3 乗すれば元の値になる数値」および「4 乗すれば元の値になる数値」を求めたい場合、以下のプログラムの空欄を埋めよ。プログラムでは結果のみを表示しており、いずれも「3.0」が出力される。

```
n = 27
x = n [    ①    ]
print(x)
m = 81
y = m [    ②    ]
print(y)
```

問 1-4（No.04）　型ヒントの効果を予測する　★★

以下のプログラムで出力される結果は何か。なお、Python のバージョンに関して、3.5～3.8 系列の場合と限定することにする。

```
a : int = 3
b : int = 2
c : int = a / b
print(c)
```

出力結果 [①   ]

解答
1-3　① ＊＊ (1/3)

　　② ＊＊ (1/4)

　平方根はべき乗で置き換えられるという関係、つまり、

$$\sqrt[n]{x} = x^{\frac{1}{n}}$$

という式をまず思い出す必要があります。

　この右辺を Python の式に展開しますが、べき乗は、＊＊ 演算子で記述できます。演算子の優先順位は、/ よりも ＊＊ の方が高いので、1/3 や 1/4 はカッコで囲っておかないと、正しく計算は進められません。

　なお、べき乗は、math モジュールの pow 関数を使う方法もあります。ただし、この問題の場合は、pow での記述は無理でしょう。

解答
1-4　① 1.5

　変数の後にあるコロンと型は、型ヒントなどと呼ばれ、Python 3.5 で搭載された機能です。ただし、Python 3.8 の時点まで、このヒントを利用して計算処理などを進める仕組みは Python にはなく、つまりはこのプログラムの結果を見るだけなら、「: int」はあってもなくても同じです。

　この仕組みは、一般には型アノテーションと呼ばれ、関数の引数や返り値の型あるいは解説を記述するものとしても使えます。ライブラリや、開発環境によっては、型ヒントを確認しながら、型の相違による問題が発生しそうな箇所を特定することもできますが、型ヒントが使われる場面はおそらく限定されるでしょう。というのは、Python は型を意識しないでもいい部分が魅力と思っている人が少なからず存在するからです。

問 1-5（No.05）　部分文字列の取り出しや文字列の結合を行う　★

　プログラムに記述された変数だけを使って、自動車のナンバーを示す文字列「さいたま 501 け 4562」を出力するものとする。ここで、4 行目の変数 n は、「け」の文字を表示するために、変数 kanas から、9 番目の文字を参照するための整数値として「8」を変数 n に代入している。n の値が 0～19 のどれであっても、対応する 1 文字のひらがなが表示されるようにプログラムを作成すること。都道府県の取り出しについては、定数値を指定して構わない。

```
prefs = "栃木群馬さいたま茨城神奈川千葉東京"
kanas = "あいうえおかきくけこさしすせそたちつてと"
kind = 501
n = 8
kana_char = kanas[      ①      ]
num = 4562
print(f"     ②      {kind} {kana_char} {num}")
```

問 1-6（No.06）　文字列の置き換え　★

　以下のプログラムは 3 行ごとにひとまとまりになっていて、最初の変数 st の文字列中に含まれる「赤」という文字を「青」に 1 回だけ置き換えて出力する。3 行のブロックが 2 つあるが、いずれも 2 行目と 3 行目は同一である。出力結果にあるような出力が得られるように、プログラムを完成させること。

```
st = "明日は赤い服を着よう"
ix = st.     ①     ("赤")
print(     ②      + "青" +      ③      )
```

出力結果 明日は青い服を着よう

```
st = "もうすぐ赤い車がやってくる"
ix = st.     ①     ("赤")
print(     ②      + "青" +      ③      )
```

出力結果 もうすぐ青い車がやってくる

① n：n+1 または n

② {prefs[4:8]}

　いずれも、文字列の一部分を取り出す方法を理解しているかどうかを問う問題です。

　②については、「さいたま」という文字列が変数 prefs にあるので、まずその変数を書式化文字列に {} で展開しますが、範囲を [:] で指定します。「さいたま」の文字は、5~8文字目になるのですが、ここでは、「文字と文字の間に番号が振られている」と考える方が、わかりやすいでしょう。

　つまり「栃」の前が 0、「栃」と「木」の間が 1、「木」と「群」の間が 2 という具合にカウントします。すると、「さ」の前の文字間は 4、「ま」の後の文字間は 8 ですので、4:8 と範囲を指定します。

　①のように、範囲の指定に変数を使っても構いません。1 文字だけ取る場合には、範囲の終わりは、範囲の始まりに 1 を加えたものになります。もしくは範囲を示さないで単独の数値で指定します。

解答 1-6

① find

② st[0:ix] または st[:ix]

③ st[ix+1:len(st)] または st[ix+1:]

　文字列の置き換えを、replace メソッドを使わないで行うプログラムとなります。ここでは 1 文字を置き換えるだけと分かっているので、その部分はシンプルに記述することができるでしょう。

　まず、変数 ix には、「赤」という文字が、何文字目にあるかが代入されます。文字検索は、find メソッドを利用します。本来は、探した文字がない場合に −1 が返り、そのまま進めると支障が出る場合がありますが、このプログラムだと、2 回ある find メソッドの呼び出しで、−1 が返ることはなさそうなので、その点は無視して問題ありません。

　そして、探した文字の前までの文字列と、探した文字の次の文字以降の文字列を、[:] を利用して取り出します。

　取り出す文字列の最初と最後を真面目に記述すれば、st[0:ix]、st[ix+1:len(st)] となりますが、最初や最後の場合は省略が可能なので、st[:ix]、st[ix+1:] の方が直感的でわかりやすいでしょう（問 1-7 の解答にある Python ミニ知識も参照してください）。

問 1-7（No.07）　乱数を利用してランダムなパスワードを生成する　★★

　乱数を生成するモジュールとして、random がある。その random にある randint メソッドは 2 つの引数を取り、その 2 つの引数を含む間の整数のいずれかを返す。基本的に呼び出すごとに違った数値が得られる。この仕組を利用して、アルファベット大文字 4 文字からなる、ランダムな文字列を作成して出力しよう。イメージとしては、パスワードを自動生成するようなプログラムを想定すればよい。空欄を埋めること。④は演算子のみを記入すること。

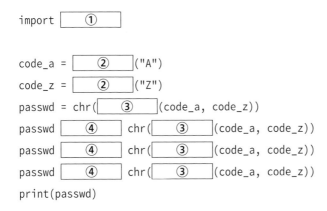

```
import    ①

code_a =      ②    ("A")
code_z =      ②    ("Z")
passwd = chr(    ③    (code_a, code_z))
passwd   ④   chr(    ③    (code_a, code_z))
passwd   ④   chr(    ③    (code_a, code_z))
passwd   ④   chr(    ③    (code_a, code_z))
print(passwd)
```

① random
② ord
③ random.randint
④ +=

　最初はモジュールの読み込みですので、問題文にほとんど答えが書いてあるようなものです。そして、randint メソッドについても問題文に書いてあります。

　A～Z の文字列をランダムに生成する場合、A～Z の文字コードの範囲を randint に指定して、まずは文字コードを生成し、その文字コードを文字に変換することを考えます。ここでは、組み込み関数の ord と chr の意味を理解していることが必要です。アルファベット大文字は、文字コードでいえば、0x41～0x5A なので、その数値を指定するのが 1 つの方法ですが、コード表現はプログラムが読みにくくなります。

　そこで、まず、ord 関数を使って A と Z のコードを、変数 code_a と code_z に入力します。すると、それらの値を使って randint メソッドを使い、A～Z の範囲の文字コードが得られます。それを chr 関数で文字に変換します。4 文字生成するために、4 回同じようなことを行っていますが、1 文字ずつ変数 passwd に追加しています。最初は代入ですが、2 文字目からは元々ある文字列に繋がないといけないので、「passwd = passwd + chr(...)」が 1 つの候補ですが、このように、= の左右に同一の変数が出てくる場合は「passwd += chr(...)」の方が短く記述できます。

　この、演算子とイコールを繋げる方法は知っておくと便利です。

■ Python ミニ知識　インデックスの数え方と「最初」や「最後」の指定

　文字列の一部分を取り出す場合には [n:m] のような記述を行います。また、find メソッドの返り値にも何文字目かを示す数値が登場します。ここでの n、m に相当するインデックスは、「文字と文字の間に番号が振られている」と考えればわかりやすいでしょう。最初の文字の前が 0 番目の隙間です。インデックスの n、m を省略すると、それぞれ「最初から」「最後まで」と解釈されます。[:ix] ならば、最初から ix 番目の文字列の前まで、[ix+1:] であれば、ix+1 番目の文字から最後までとなります。

問 1-8（No.08） ランダムな文字列を生成する ★

　数字 4 文字からなる、ランダムな文字列を作成して出力する。イメージとしては、パスワードを自動生成するようなプログラムを想定すればよい。ここで、random モジュールにある choice 関数を使うことにする。この関数は、引数にある文字列の中から 1 文字だけをランダムに取り出すことができるので、10 種類の数字をランダムに 4 つ生成して繋げることにする。ここで、"0123456789" といった文字列を利用してもよいが、string モジュールの変数 digits は、この数字だけの10 文字の文字列が最初から用意されているので、それをあえて利用することにする。空欄を埋めよ。

```
from random import   ①
import   ②

  ③   = string.digits
print(nums)                出力結果  0123456789
print(  ④  (nums) +   ④  (nums) +   ④  (nums) +   ④  (nums))
```

① choice
② string
③ nums
④ choice

　モジュールの情報は問題文にある通りですが、あるライブラリやモジュールから特定の関数だけを取り出して利用できるようにするための構文が、from～import です。

　from の後にモジュール名、import の後に関数名などを記述します。そうすると、random.choice ではなく、choice だけで関数を利用できます。

　string モジュールについては、プログラム中に、string.digits という記述があるので、import だけで読み込んでいると判断できます。

　そして、choice 関数の引数にある変数は、nums であることがわかるので、逆算的にプログラムを解析すれば、string.digits の結果は変数 nums に入力しておく必要があります。

■ **Python ミニ知識　識別子とキーワード**

　プログラムの中では色々な名前が出てきます。例えば、変数名や関数名がそれに相当しますが、これらの名前を一般には「識別子」と呼びます。変数名の命名規則については、Chapter 1 の冒頭部分で説明していますが、こちらはプログラムを作るときに自分で名前を考える必要があるため、ルールとしてはきちんと把握しておく必要があります。まずは、アルファベットと数字、そして利用可能な記号で名前を付けられるようになりましょう。

　識別子に対して、プログラミング言語では「キーワード」として、いくつかの単語が特別扱いされます。Python でも定義されていて、これはプログラマが定義するのではなく、言語仕様として定義されているものです。Python では以下の単語がキーワードとして定義されています。これらは言語として重要な役割を持つものであり、変数名などの識別子としては利用できません。プログラム中でキーワードが出てくると、まずは言語で定義した何らかの機能が利用されると考えれば良いでしょう。

```
False  None  True  and  as  assert  async  await  break  class  continue
def  del  elif  else  except  finally  for  from  global  if  import  in
is  lambda  nonlocal  not  or  pass  raise  return  try  while  with  yield
```

問 1-9（No.09）　数値範囲を指定して乱数を生成する　★★

　乱数を生成するモジュールとして、random がある。その random にある randint メソッドは 2 つの引数を取り、その 2 つの引数を含む間の整数のいずれかを返す。基本的に呼び出すごとに違った数値が得られる。この仕組みを利用して、6 桁のランダムな数値を作成する。ただし、001234 は途中で int として扱われるので、4 桁とみなされる。

```
import ┃  ①  ┃

print(random.randint(┃  ②  ┃, ┃  ③  ┃))
```

問 1-10（No.10）　文字列をもとにしてまとまった文章を生成する　★

　以下のプログラムを実行した結果、最後に「20 人にアンケートを取って Python と Java のどちらが好きかをたずねたら、65% が Python だった。」と出力されるようにしたい。空欄を埋めよ。ただし、空欄には必ず変数展開が入るものとする。

```
s1 = "たずねたら"
s2 = "アンケートを取って"
s3 = "Python"
s4 = "どちらが好きか"
s5 = "Java"
s6 = "人に"
s7 = 20
s8 = 13
s9 = 7

print(f"┃  ①  ┃と┃  ②  ┃の┃  ③  ┃を┃  ④  ┃、"
      f"┃  ⑤  ┃%が┃  ⑥  ┃だった。")
```

出力結果　20人にアンケートを取ってPythonとJavaのどちらが好きかをたずねたら、65%がPythonだった。

解答 1-9
① random
② 100000
③ 999999

最初の import では、モジュールを読み込みます。

乱数を利用すると、ある範囲の数値が出力されます。6桁ということで、0〜999999 とした場合、1234 といった4桁の数値もそこに含まれます。すなわち、最初の桁は0にならない。言い換えれば1以上の数字である必要があります。すると、生成したい数値 x は、x ≧ 100000 を満たす必要があります。一方、x ≦ 999999 を満たさないと7桁の数字が生成されます。

以上の検討より、100000〜999999 の範囲の乱数を出力することで、必ず6桁の数字になります。

解答 1-10
① {s7}{s6}{s2}{s3}（または {s7 + s6 + s2 + s3}）
② {s5}
③ {s4}
④ {s1}
⑤ {int(s8/s7*100)} または {s8/s7*100:.0f}
⑥ {s3}

単にめんどくさいだけの問題だなと思われたかもしれませんが、パズルみたいなものだと思ってください。書式化文字列を利用して、変数展開する問題です。

⑤以外は、該当する文字列を探して割り当てる必要がありますが、変数は1つとは限りません。65% と表示したいわけですが、もちろんそのまま 65 と記述するのは変数展開ではありません。変数として、s8 の 13 を見ると、20人に対する13人は 65% になるので、s8/s7 で 0.65 が求められます。それを100倍すればいいのですが、割り算を行うと float 型になるので式だけなら「65.0%」と表示されてしまいます。そこで、int 関数を使って int 型に変換して、「65%」となるように表示します。

問 1-11（No.11）　ファイル名がライブラリとして利用できるかどうか　★★

　以下のそれぞれのファイル名が、Python のプログラムを保存するファイルとして、利用可能かどうかを検討すること。全てのファイルは、拡張子に関係なく、正しい Python プログラムのテキストが記述されているものとする。利用可能な場合、プログラム本体やあるいはライブラリとして利用できるかどうかを判定すること。いずれの欄にも○ないしは×を記入する。プログラムとして実行可能であれば○、またライブラリとして利用可能なものであれば○を記述する。ここでのライブラリとは、Python で記述されたファイルで、他のプログラムが取り込んで利用できるようになっているものを示し、import や from〜import で利用される側のファイルである。

ファイル名	実行可能	ライブラリとして利用可能
program.py	①	⑨
program.txt	②	⑩
program.jpg	③	⑪
Program.lib	④	⑫
プログラム .py	⑤	⑬
ex1-1.py	⑥	⑭
ex1_1.py	⑦	⑮
3~#comment.py	⑧	⑯

解答
1-11

実行可能： ①②③④⑤⑥⑦⑧　解答枠は全て○

利用可能： ⑨⑬⑮の解答枠は○、⑩⑪⑫⑭⑯の解答枠は×

ファイル名	実行可能	ライブラリとして利用可能
program.py	○	○
program.txt	○	×
program.jpg	○	×
Program.lib	○	×
プログラム .py	○	○
ex1-1.py	○	×
ex1_1.py	○	○
3~#comment.py	○	×

　Python のプログラムは拡張子が .py のテキストファイルで記述されるのが一般的ですし、他の拡張子を使わないのが常識でしょう。しかしながら、開発環境で制限していない限りは、拡張子に関係なく、Python のプログラムは記述でき、コンパイルもできます。jpg ファイルだとダメと思うかもしれませんが、エディタで開いて無理矢理 Python のコードを入れればコンパイルして実行できます。しかしながら、.py 以外は使わないのが基本です。よって、②③④は望ましくありません。オペレーティングシステムでは、拡張子を隠す傾向にあるので、開発状況によっては、実際には program.py.txt といったファイル名になっていないかに気をつける必要があるでしょう。

　他のファイルをライブラリとして、import や from~import を使う場合、ファイル名は「識別子」でなければなりません。文字列を指定するのではありません。識別子は変数の命名規則に従った名前です。通常はアルファベットの大文字小文字、数字、アンダースコアであり、さらには class などのキーワードは使えないというルールです。また、1 文字目に数字は使えません。よって、⑭⑯は利用できません。例えば、⑭なら、ex1 という変数から 1 を引こうとして、ex1 変数がないなどのエラーを出します。なお、⑬の評価は難しいところですが、Python 3 からは Unicode 対応になったので、「プログラム」という識別子は正しいものです。問 1-15 の解答にある Python ミニ知識も参照してください。

問 1-12（No.12）　識別子はどのように使えるのか　★★

　以下のプログラムは Python のプログラムのつもりで書いたものであるが、一部エラーが発生する。エラーを排除するために、その行にコメントを設定して、エラーなく実行できるようにしたい。枠には、コメントとなるある 1 文字の記号、ないしは何も入らないかのどちらかである。何も入らない行は、コードは行頭に書かれているものとする。なお、コードとして意味がなくてもエラーにならないものはコメントにしない。コメントにする行はどれか？

①	a = 1
②	var a = 1
③	int a = 1
④	b
⑤	b = int(1)
⑥	b = (int)1
⑦	b
⑧	c = 2　最後の行は、行の頭に半角スペースがいくつか入っている。

問 1-13（No.13）　プログラム中にコメントを記述する　★

　プログラムの最初に定義した変数と同じ行に、変数の簡単な説明を入れたくなった。また、作った関数の前に、数行に渡る長いコメントを記載したくなった。空欄を埋めよ（関数や変数のスコープについては Chapter 3 で説明）。

```
global_var = 99    ①    この変数はグローバルです


    ②
この関数は、かつてないくらいの素晴らしい機能を実装できた。自信作です。
みなさん、どんどん使ってください。意見をもらえると嬉しいです。
    ③
def awesome_feature():
  print('This is the great function having awesome features.')
  .....
```

① ⑤ ⑦　解答枠はブランクのまま

② ③ ④ ⑥ ⑧　解答枠には # を記述する

　最初の 3 行は変数定義に関するものです。Python ではプログラム中でいきなり代入をすれば変数が定義されます。②はおそらく JavaScript、③は C や Java などの書き方であり、これだと Python では文法エラーとなります。

　⑤、⑥はキャストに関するもので、値を int 型に変換するには、int 関数のような記述を行います。⑥は C や Java の書き方であり、やはり Python では文法エラーになります。

　ここで、変数はいきなり作られると説明しましたが、4 行目のように、単に変数名を記載するだけだと、b を定義していないというエラーになります。どこかで定義されている b を期待したけれども定義されていないという動作になります。しかしながら、5 行目で変数 b が定義されているので、⑦ではエラーは出ません。単に変数 b を参照するという意味のないコードではありますが、エラーにはなりません。

　最後の⑧は、余分なインデントが含まれています。そのため、この部分で、期待しないインデントが設定されているというエラーが出ます。

① #

② ③　''' または """

　いずれもコメントを記載するための記述の基本です。

　①については # を記述すれば、その行は改行までの部分はプログラムの外部とみなされ、処理とは関係なくなるので、プログラマが自由に記述できます。複数行に渡るコメントについては、シングルクォーテーションあるいはダブルクォーテーションを行頭から 3 つ記述します。その 3 つのクォーテーションより後で、次の 3 つのクォーテーションが登場するまでの間はコメントになり、複数行に渡って自由に記述が可能です。もちろん、始まりと終わりのクォーテーション文字は同じものである必要があります。いずれも、半角文字で記述しましょう。また、クォーテーションはカールしているものなど Unicode ではたくさんの文字がありますが、ASCII 文字で定義されているものを確実に指定します。なお、最初の 3 つのクォーテーションの直後からコメントは始まりますので、そのあとにコメントの文字を書いても構いません。一方、最後の 3 つのクォーテーションより後はプログラムの中になります。しかしながら、3 つのクォーテーションの行はそれだけを記載する方が、見栄えは良いでしょうし余計なことを考えなくても良くなります。

問 1-14（No.14） ロボットが経路を進むのにかかる時間を求める ★★

辺の長さが 10cm の正五角形がある。ある頂点からスタートして、すべての頂点を周り、さらに星型に移動する経路を考える。小型ロボットがこの経路を移動することをイメージするとよい。この時、5cm/ 秒の速度で移動し、頂点で方向を変える処理は角度にかかわらず一定の 3.5 秒かかるとすると、すべての経路を通るのに何秒かかるかを計算してその数値のみを print で表示すること。

辺の長さが s とすると、頂点 b-e 間の距離を t とする。この 2 つの数値から全経路の長さがわかる。t を求めるために、頂点 b-c 間の辺を 1 辺とする 2 等辺三角形を考える。その三角形の頂点 c の角度 θ は 360 ÷ 5=72° となる。すると、三角関数より 2 等辺三角形の辺 w の長さがわかるので、s と w から t を求めることができる。方向を変える回数は数えてみよう。

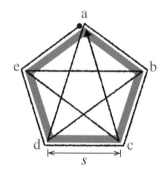
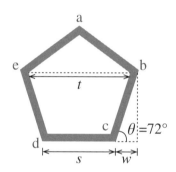

```
import math

s = 10   # cm
theta = 72   # degree
speed = 5   # cm/s
turn = 3.5   # s


w =    ①
t = s + 2 * w
path_length =    ②      # 経路の長さを求める
print(    ③    )
```

① `s * math.cos(math.radians(theta))`

② `s * 5 + t * 5`

③ `path_length / speed + turn * 9`

　print により、57.68... 秒が解答であることがわかります。プログラムを完成するには以上のようなコードを記述します。なお、同等な結果が出ていれば、異なる式の記述でも構いません。

　三角関数の cos は、math モジュールにある同名の関数を利用しますが、角度はラジアン単位で指定する必要があります。この問題では、もともと角度は度で指定されているので、度をラジアンに変更しなければなりません。そのために、math モジュールの radians 関数を利用しています。なお、math モジュールには π の値を示す変数も定義されていて math.pi で得られるので、

```
math.cos(math.pi * theta / 180)
```

でも cos 値を計算できます。

　②の経路の長さを求める式は難しくないでしょう。③では、「かかる時間 = 長さ÷速度」であることがまず1つのポイントになりますが、加えて、方向転換する回数を求めないといけません。一筆書きの図で数えればいいのですが、経路の数は5＋5＝10あるので、始点と終点を除く経路の接続点を求めればよく、10－1＝9回が方向転換の数になります。

問 1-15（No.15）　正五角形の面積を補助線を指定された状態で求める　★★

　辺の長さが 10cm の正五角形がある。この面積を求めること。ただし、公式などは使わず、独自に分析してプログラムを作ったものとして、空欄を埋めよ。

　正五角形を、頂点 bcde の等脚台形と、頂点 abe の 2 等辺三角形に分解して、それぞれ変数 area1、area2 と求めて合計することにする。頂点 b-e 間の長さ t については、問 1-14 で求めている。2 等辺三角形部分は、t の値と、その高さである dh を求めれば後は面積の公式通りだが、2 等辺三角形の頂点 e ないしは b の部分の角度 η を求める必要がある。頂点 e の部分で補助線を引くなどして、ヒントを記載したので、変数 eta に角度を式で求める。

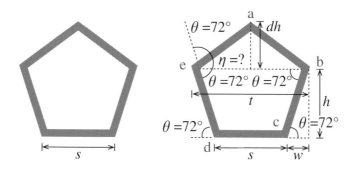

```
import math


s = 10
theta = 72


w = s * math.cos(math.radians(theta))
h = 　①　
t = s + 2 * w
area1 = 　②　
eta = 　③　
dh = s * math.sin(math.radians(eta))
area2 = 　④　


print(area1 + area2)
```

解答
1-15

① `s * math.sin(math.radians(theta))`
② `(s + t) * h / 2`
③ `180 - 2 * theta`
④ `((t / 2) * dh / 2) * 2`

　print により、172.04...㎠が面積の値です。プログラムを完成するには以上のようにコードを記述します。なお、同等な結果が出ていれば、異なる式の記述でも構いません。

　三角関数の sin は、math モジュールにある同名の関数を利用します。こちらは前の問題で変数 t を求めた時と同様に、ラジアン単位で指定をすることが必要です。この問題では、w に加えて、後で面積を計算するために h の値も必要となります。

　②は等脚台形の面積を求める公式通りの式です。③は多大なヒントが図の中にすでにあります。頂点 e の等脚台形部分の図形の角度は、平行線（b-e と c-d）の間に引いた直線（d-e）の錯角が等しいことから θ になります。そして頂点 e を見ると、要するに θ + η + θ = 180 であることが図から読み取れるので、η を求める式に書き換えればプログラムの式はそのままです。④は直角三角形の面積を求める公式通りの式ですが、それで得られるのは頂点 abe の 2 等辺三角形の半分の面積になります。よって面積を求めるために 2 倍しましたが、もちろん (t / 2) * dh でも求められます。

■ Python ミニ知識　Unicode の識別子

　Python は Unicode 対応しており、カタカナや漢字の変数名も可能です。しかしながら、全ての Unicode 文字が OK ということではありません。全角の＃はだめです。記号類は半角に変換されるようで、元々半角の＃は識別子に使えない文字であり、その結果正しくない識別子になります。また、絵文字も残念ながら使えません。全角アルファベットは OK である一方、全角数字は変数名としては使えますが、ライブラリ名として使う場合はファイル名との間で全角と半角の交錯が発生してしまうので使いにくいでしょう。日本語での識別子で使えるかどうかは、もちろんルールにはなっていますが、判定は難しいといえます。日本語での識別子は機能上可能ですが、避けられる傾向にあります。

Chapter 2

実行制御

－繰り返し、条件分岐、関数、ラムダ－

　プログラムでは、状況に応じて異なる処理を行ったり、繰り返しを行うといった仕組みは不可欠です。こうした仕組みを利用することで、多彩な処理が可能になります。また、1つの処理の塊を定義して、プログラムの別のところから呼び出すことのできる**関数**は、プログラムをモジュール化するための基本的な仕組みになります。さらに、関数そのものをデータとして扱える**ラムダ式**は処理内容によっては便利に利用できます。

2.1　条件分岐

　状況に応じて行う処理を切り替えるのは、if 文を利用します。以下は一般的な記述で、**ステートメント**の部分は**条件式**に対応した処理プログラムが 1 行ないしは複数行記載されます。

　原則として、条件式が True になった場合、それ以下のブロックのステートメントを実行し、それ以外のステートメントは実行しません。

　elif 文は、0～複数個配置できます。つまり、if 文の後の条件式が True ならその直後のステートメントを実行して、この一連の if ブロックは終了です。もし、if 文の後の条件式が False であれば、elif 文の後の条件式を順番に調べて最初に True になった条件式の直後のステートメントが実行されます。どの条件式も

False なら、**else** 文以降のブロックのステートメントが実行されます。

```
if 条件式:
    ステートメント
elif 条件式:
    ステートメント
else:
    ステートメント
```

　elif 文、else 文は存在しない場合もあり、最小の構成は、最初の 2 行、すなわち、if 文とそれに対応したステートメントだけのもので、この場合は if 文の後の条件式が True の場合だけステートメントを実行し、False の場合は何もしないというプログラムになります。

　ここで、条件式は、True ないしは False になる論理演算を結果として返す変数あるいは式を記述します。例えば、変数 a に整数が入っていれば、「a ＞ 10」は条件式です。a の値が 3 なら False、23 なら True になります。このように、論理演算子や、論理値同士の演算を行う and、or、not といった演算子を組み合わせて判定する式を記述するのが通常です。

　なお、以下に示す値は論理値ではありませんが、False とみなすと定義されています。例えば、**リスト**の処理を行う場合、中身があれば処理を行い、中身がない場合には何もしない処理にしたい場合は、条件式にリストを参照している変数を指定するだけで構いません。つまり、[] は False、[1, 2, 3] などは True と判定してくれるからです。

- False
- 数値の 0
- None
- 空の文字列
- 空のコンテナ（タプル、リスト、辞書、集合）

2.2　繰り返し

　繰り返しは、**for** 文ないしは **while** 文を使います。while は直後に記述した条件式が True ならば直後からのブロックのステートメントを処理し、また、条件式の判定を行います。そして、また True なら直後のブロックを実行します。つまり、条件式が False になるまでステートメントの処理を繰り返し行います。なお、else ブロックを記述でき、これがあると、条件式が False になった時に実行するステー

トメントを記述できます。

```
for ターゲット in リスト式:        while 条件式:
    ステートメント                    ステートメント
else:                              else:
    ステートメント                    ステートメント
```

　for は、リストの各要素を順番に処理するような場合に便利な繰り返しです。例えば**リスト式**が [2, 4, 6] に相当するもので、**ターゲット**が x となっていれば、変数 x に 2 を代入してステートメントの処理を行い、変数 x に 4 を代入してステートメントの処理を行い、変数 x に 6 を代入してステートメントの処理を行うといった繰り返しを行います。ターゲットに記述した変数を、ステートメントの中で参照することももちろん可能です。なお、else ブロックを記述でき、繰り返しが終わった後に実行するステートメントを記述できます。

　決められた回数の繰り返しを行う場合には、リスト式に range(5) のような range 関数を使います。この関数は [0, 1, 2, 3, 4] に相当するリストを生成します。Java や C などの他の言語での繰り返しでは「for (int i = 0; i < 5; i++)...」のような記述を行いますが、これに相当するのが range を使った書き方です。なお、range(1, 5) のように、開始番号を指定することもできますが、この場合でも、4 までの数値が生成されます。5 は生成されないので注意が必要ですし、繰り返し回数は 4 回になります。

　リスト式の部分に記述できるものは**イテレータ**を実装したオブジェクトであり、リストに限るわけではありません。Python の標準機能にも**リスト**や**タプル**など、イテレータを実装したものはいくつもあり、独自にクラスを定義する時にもイテレータの仕組みを実装することができます。

　繰り返しを途中で終了させるのが **break** 文で、「break」だけを記述します。すると、繰り返しはその場ですぐに終了します。この時は else 以下のブロックを実行しません。else はあってもなくても同じではないかと思うかもしれませんが、break で終了した時には、else 以下は実行されず、そうでなければ else が実行されるといった違いがあります。また、**continue** 文はその段階で繰り返すブロックの残りの部分を実行しないで、次の繰り返しに移行します。処理が複雑になると、break や continue をうまく利用して記述することで、正しいプログラムになる場合もあるでしょう。

2.3　繰り返しとリスト

　リストと**繰り返し**は切ってもきれない関係があり、その中のいくつかの機能を紹介します。リストは本書では Chapter 3 で説明します。

　for 文は様々な記述が可能です。例えば、以下のような**タプル**を要素にもつリストの場合、いきなりタプルの要素を変数 x と y に分割してくれます。ここでは、x = 1, y = 1 で print を実行、x = 2, y = 4 で print を実行、x = 3, y = 9 で print を実行、のように処理されます。

```
for x, y in [(1,1),(2,4),(3,9)]:
    print(x, y)
```

　リストに対して enumerate 関数を適用すると、番号と要素のタプルのリストが得られます。range(101,105) は、[101, 102, 103, 104] が得られますが、enumerate(range(101,105)) とすると、[(0, 101), (1, 102), (2, 103), (3, 104)] が得られます。したがって、以下のようにプログラムを記述すれば、ix = 0、val = 101 で最初の繰り返し、ix = 1、val = 102 で 2 回目の繰り返しのように、for 文の後に定義した変数に値が代入されます。

```
for ix,val in enumerate(range(101,105)):
    print(ix, val)
```

　また、リストの**内包表記**という、リストの要素を**イテレーション**から作成する機能があります。以下は、変数 c に [1, 4, 9] というリストを代入します。これはまず、「for a in range(4)」という記述があり、変数 a に range(4) で生成した 0, 1, 2, 3 という数値が順次代入されることを意味します。そして、その後に if a > 0 という記述があり、for 文で生成した値を判定します。この if 文の条件式が True の場合のみ、新しいリストの要素になります。単に要素になるということではなく、「a ** 2」つまり、a の値を 2 乗した結果をリストの要素とします。なお、if 文以下は省略して、すべての要素を対象にすることもできます。内包表記は集合や辞書にも適用できます。

```
c = [a ** 2 for a in range(4) if a > 0]
```

2.4 関数の定義と呼び出し

　関数は **def** というキーワードで定義します。続いて、関数名、カッコで囲って**引数**を受け取る変数を記述し、そこからブロックを開始します。この関数が呼び出されるとブロックの中身が実行されます。関数から値を返す場合は、**return** 文を記述します。また、関数を利用する側は、関数名に続いてカッコで囲って引数を指定します。以下の例で説明しましょう。

```
def test_func(key='prop', value=0)
    return (key, value)


print(test_func('name', 'You know'))   出力結果 ('name', 'You know')
print(test_func())                     出力結果 ('prop', 0)
print(test_func('first'))              出力結果 ('first', 0)
print(test_func(value='second'))       出力結果 ('prop', 'second')
```

　まず、test_func 関数が定義されています。引数は 2 つあります。引数となる変数名の記述だけでも構いませんが、定義側に「変数名 = 値」の形式で記述すると、その引数を省略した時に採用される値を記述できます。最初の利用例は、引数に指定した文字列が変数 key と value に渡されて、それらを要素に持つタプルが返されています。

　2 つ目の利用例は、呼び出し側で引数は記述されていません。そのため、引数の変数は定義側で用意した未指定時の値が採用され、変数 key は 'prop'、value は 0 の値が代入されます。

　3 つ目の関数呼び出しは、引数が 1 つだけです。定義した引数より少ない場合は、順番に前から割り当てられ、変数 key は呼び出し側で指定した 'first' が設定され、変数 value は呼び出し側には対応する引数がないので定義側の既定値である 0 が割り当てられます。

　ここで、1 つ目の引数を省略して、2 つ目の引数だけを指定したい場合、4 つ目の呼び出し例のように、呼び出し側の引数指定で「変数名 = 値」の形式に指定します。すると、変数 key は指定されていないので定義側の既定値である 'prop' となり、変数 value は呼び出し側で名前で指定されているので 'second' になります。

2.5　関数のデコレータ

　関数の処理に、別の関数の処理を割り込ませる**デコレータ**という仕組みがあります。ある関数定義の直前の行に「@関数名」という記述を行うと、@以下の関数でデコレートされた状態になります。この時、元の関数を呼び出すと、呼び出し時の各引数に対してそれぞれ@以下で示した関数で返された関数が適用されます。@以下の関数は、引数が1つで値を返す関数を返すように定義しておきます。つまり、@以下の関数で変換した引数が渡されると考えればよいでしょう。

2.6　ラムダ式

　ラムダ式は、関数をあたかも値のように扱い、例えば変数に入れることができるなどの特徴を持った仕組みです。def で関数を定義する場合、非常に短い数行程度のものもあります。そのような関数は、ラムダ式で記述することで、よりコンパクトに記述できて便利な場合もあります。ラムダ式は、**lambda** キーワードで始まり、引数を書き並べたもの、コロン、返り値の式といった記述を行うのが一般的な形式です。

　以下、変数 p にラムダ式を入力しました。このラムダ式は変数 n の1つだけの引数をとり、引数の2乗を返します。最初の変数 p への代入時には2乗の計算はしません。その後、変数 p が関数名となり、p(3) により n に3が代入されて3の2乗の9が出力されます。

```
p = lambda n: n ** 2
print(p(3))
```

　出力結果　9

　よく利用される例として、リストの並べ替えのための比較処理の関数を与える箇所です。関数で与えてもいいのですが、2つの引数の大小関係だけで結果が決まるような関数を別途定義するのもプログラムの整理が難しくなりそうです。しかしながら、ラムダ式なら、その場に記述できて便利です。他には、状況によって、呼び出した先で行う処理が違う場合、引数にラムダ式を与えて、状況ごとの違いを別々のラムダ式で処理するような仕組みにも使われます。なお、複数行の複雑なプログラムをラムダ式にすることはできません。複数行が必要な場合には普通に def で定義して、関数名を利用します。

問 2-1 (No.16)　関数定義　　★

　次のプログラムは 4 つの関数を定義してから、それを呼び出して実行するプログラムである。空欄部分を埋めて、出力結果欄に書かれている文字列が出力されるようにすること。

```
    ①    print_hello():
  print("Hello world!")

    ①    print_slogan(goal):
  print(f"Boys, be {    ②    }!")

    ①    do_nothing(useless_arg):
      ③

    ①    concat(arg1,    ④    ,    ⑤    ):
      ⑥    arg1 + arg2 + arg3

print_hello()
print_slogan("ambitious")
do_nothing("no result")   # 何もしない
print(concat("a", "b", "c"))
```

出力結果
```
Hello world!
Boys, be ambitious!
abc
```

問 2-2 (No.17)　可変長引数　　★

　次のプログラムは arbitrary 関数に対し、数種類の呼び出しを行っている。出力結果の空欄を埋めて、ソースコードに対応したものにすること。

```
def arbitrary(*args, **kwargs):
  print(f'args: {args}')
  print(f'kwargs: {kwargs}')

arbitrary(1, 2, 3, 4)
arbitrary(1, 2, a=3, b=4)
```

出力結果
```
args: {    ①    }
kwargs: {}
args: {    ②    }
kwargs: {    ③    : 3,
    ④    : 4}
```

解答 2-1

① `def`

② `goal`

③ `pass` または `return`

④ `arg2`

⑤ `arg3`

⑥ `return`

　①にあるように、関数は `def` キーワードを使って定義します。関数内であれば、引数は②にあるように自由に使えます。Python では「関数の中身や `if` 文の中身など、何か書く必要があるが、何もしないことを明示したい」という時には③のように `pass` キーワードを使用できます。また、関数の場合には単に `return` と書くことも可能です。いずれにせよ、何も書かないでおくと文法上のエラーになるので注意しましょう。関数の引数が複数になる時は、④と⑤にあるようにカンマでつなげて列挙すれば OK です。関数から値を返す時は、⑥のように `return` キーワードを使用します。

解答 2-2

① `(1, 2, 3, 4)`

② `(1, 2)`

③ `'a'`

④ `'b'`

　引数の数が事前に決まらない関数の場合は、`def arbitrary(*args, **kwargs)` のように書くことで任意の数の引数を受け取る関数を定義できます。受け取った引数は、それぞれ `args` の部分をタプルとして、`kwargs` の部分を辞書として受け取ることになります（タプルと辞書については、Chapter 3 で扱います）。

問 2-3 (No.18) キーワード引数 ★

次のプログラムは、copy 関数 (実際にはコピーを行わず文字列を出力するだけ) に対し、数種類の呼び出しを行っている。ソースコードの空欄を埋めて、出力結果と対応したものにすること。

```python
def copy(src, dst, recursive=False):
    print(f"copy {src} from {dst} (recursive: {recursive})")
```

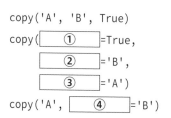

出力結果

```
copy A from B (recursive: True)
copy A from B (recursive: True)
copy A from B (recursive: False)
```

問 2-4 (No.19) 条件分岐と繰り返し ★

次のプログラムは、1 ≦ i ≦ 30 の i に関して繰り返しを行いつつ、変数 i が 3 で割り切れるなら「fizz」を、i が 5 で割り切れるなら「buzz」を、それ以外なら i の値自体を標準出力に出力するプログラムである。ただし、i が 3 でも 5 でも割り切れるなら例外的に「fizz-buzz」と表示するものとする。空欄部分を埋めて、出力結果欄に書かれている文字列が出力されるようにすること。

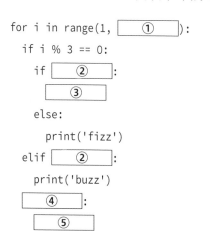

出力結果

(実際には、／の部分は改行となりますので、読み替えてください)

1／2／fizz／4／buzz／fizz／7／8 ／fizz／buzz／11／fizz／13／14 ／fizz-buzz／16／17／fizz／19／ buzz／fizz／22／23／fizz／buzz ／26／fizz／28／29／fizz-buzz

解答 2-3

① `recursive`

② `dst`

③ `src`

④ `dst`

　関数は、copy('A', 'B') のように引数の名前を指定せずに呼び出すことも、copy(src='A', dst='B') のように引数名を明示することもできます。引数名を明示した場合、呼び出しに必要な文字数が増える半面、将来的に関数の引数の順番が変更された場合に影響を受けないほか、関数呼び出しの意図がよりわかりやすくなる利点があります。

　copy('A', dst='B') のように、引数名を省略した部分と明示した部分を混在させることもできます。ある箇所で引数名を明示した場合、以降の引数はすべて明示する必要があるため、copy(src='A', 'B') とすることはできません。

解答 2-4

① `31`

② `i % 5 == 0`

③ `print('fizz-buzz')`

④ `else`

⑤ `print(i)`

　range(start, end) は「start」から「end - 1」までのリストを生成します。①に指定する値が 30 ではないことに注意してください。あとは、問題文に記述された条件をしっかり把握して、条件式や出力結果などを埋めていきます。

　⑤については、print(str(i)) としても正解です。間違って print('i') としないように注意しましょう。

問 2-5 (No.20)　for 文による検索 1　　　　★

与えられた人物名のリストから、指定された人物が存在するかどうかを判定している。空欄部分を埋めて、出力結果欄と同じ結果が出力されるようにせよ。

```python
def find_person(people, target):
    found =      ①
    for i, person in enumerate(      ②      ):
        if person == target:
            print(f"{target} is found at i == {      ③      }.")
            found =      ④
            break
    if not found:
        print(f"{      ⑤      } is not here.")


find_person(['Wilma', 'Woof', 'Wally'], 'Wally')
find_person(['Wenda', 'Odlaw', 'WatcherA', 'WatcherB'], 'Whitebeard')
```

出力結果
```
Wally is found at i == 2.
Whitebeard is not here.
```

問 2-6 (No.21)　while 文による検索　　　　★

問 2-5 と同様の出力結果が表示されるように空欄部分を埋めること。

出力結果
```
Wally is found at i == 2.
Whitebeard is not here.
```

```python
def find_person(people, target):
    i = 0
    while      ①      and      ②      != target:
        i += 1
    if      ①      :
        print(f"{target} is found at i == {      ③      }.")
    else:
        print(f"{      ④      } is not here.")


find_person(['Wilma', 'Woof', 'Wally'], 'Wally')
find_person(['Wenda', 'Odlaw', 'WatcherA', 'WatcherB'], 'Whitebeard')
```

解答
2-5

① False
② people
③ i
④ True
⑤ target

　target が見つかったかどうかを示すフラグ変数として found を用意し、①のように False で初期化しておきます。enumerate 関数を使用することで、リストのインデックスと中身の両方に関して繰り返しを行うことができます。

　この例では、②で示すように、enumerate(people) のようにすることで、

```
(0, 'Wilma'), (1, 'Woof'), ...
```

のように繰り返されます。target が見つかった場所のインデックスを表示させるため、③については、i と記述します。

　target が見つかった場合には、④のように、found を True にしておきます。出力結果を見ると、見つからなかった場合には target の名前が表示されているので、それに合わせて⑤については target とします。

解答
2-6

① i < len(people)
② people[i]
③ i
④ target

　while 文で target が見つかるまで i を 1 ずつ増やしながら people[i] を調べていくことで、適切な i を発見しています。target が people の中に含まれていなかった場合は、i が①の条件を満たさないはずなので、それを利用して判定しています。③と④に関しては問 2-5 と同様です。while 文を使う場合でも問 2-5 と同様に break 文を使って書くことはできるので、興味がある人は考えてみてください。

問 2-7 (No.22)　for 文による検索 2 ★

次のプログラムは問 2-5 のプログラムを短く書き換えたものである。問 2-5 と同様の出力結果が表示されるように空欄部分を埋めること。

```python
def find_person(people, target):
    for i, person in enumerate(people):
        if person == target:
            print(f"{target} is found at i == {i}.")
            ①
        ② :
            print(f"{target} is not here.")
```

出力結果

```
Wally is found at i == 2.
Whitebeard is not here.
```

```python
find_person(['Wilma', 'Woof', 'Wally'], 'Wally')
find_person(['Wenda', 'Odlaw', 'WatcherA', 'WatcherB'], 'Whitebeard')
```

問 2-8 (No.23)　while 文による繰り返し操作 ★★

与えられた正の整数を 2 進数表現の文字列に変換する関数 to_binary_str を定義している。空欄部分を埋めて、出力結果欄と同じ内容が出力されるようにせよ。

```python
def to_binary_str(num):
    digit_list = []
    while     ①     > 0:
        digit_list.append(str(     ②     ))   # 要素を追加する
        num = int(     ③     )
    digit_list.reverse()   # 順番を逆転させる
    return ''.join(digit_list)
```

```python
print(to_binary_str(7))
print(to_binary_str(11))
print(to_binary_str(     ④     ))
print(to_binary_str(32))
```

出力結果

```
111
1011
10011
100000
```

解答 2-7

① `break` または `return`

② `else`

　「繰り返しの中で、ある条件が一度も成り立たなかった時だけ実行したい処理がある」ような場合には、この例のように for else 文を使うことができます。for else 文では、for ブロックの中で break 文が実行されなかった場合に限り、else ブロック内に書かれた処理が実行されます。また、同様の構文として while else 文も存在します。

解答 2-8

① `num`

② `num % 2`

③ `num / 2`

④ `19`

　to_binary_str 関数では while 文で変数 num の偶奇を調べながら、②にあるように変数 num を半減（切り捨て）させていくことで、変数 num の 2 進数表現の各桁の数字を変数 digit_list に格納しています。

　③の箇所では、「num = int(num / 2)」は num を半減させた上で切り捨てている部分ですが、このように int 型にキャストすることで切り捨ても行うことができます。math モジュールの floor メソッドを使うほか、num // 2 のようにすることでも同じことができますが、負の数を考慮しなければいけない場面では両者の動作が異なるので注意してください。なお、この繰り返しの方法だと digit_list には先頭から小さい方の桁の数字が追加されていくため、繰り返しの後に reverse メソッドを用いて順番を逆転させていることに注意してください。

　④については 2 進数を普通に 10 進数に直すだけなので、プログラムとは関係なく解答できてしまいます。

■ Python ミニ知識　2, 8, 16 進数の表現

　ある数字を 2 進数で表示するには、Python に組み込まれた bin 関数を使用できます。例えば、print(bin(10)) を実行すると「0b1010」が表示されます。問 2-8 のように「0b」を書きたくない場合は、書式化文字列を使えます。print(f"{10:b}") を実行すると「1010」が表示されます。

　なお、2 進数だけでなく、8 進数で表示する oct 関数、16 進数で表示する hex 関数もあります。書式化文字列の場合は、コロンの後に b, o, x を使います。

問 2-9（No.24） 二重の for 文 ★★

次のプログラムはリストのリストとして与えられる 2 次元リストを転置する transpose 関数を定義し、使用している。空欄部分を埋めて、出力結果欄と同等に出力されるようにせよ。転置の操作は与えられたリストのうち、i 番目のリストの j 番目の要素を、j 番目のリストの i 番目の要素に移動させる操作を指す。

```python
def transpose(mat):
    mat_t = [[0] * len(mat[0]) for i in range(len(mat))]
    for i, row in    ①    :
        for j, elem in    ②    :
            mat_t[    ③    ][    ④    ] = elem
    return mat_t


result = transpose([[11, 12, 13], [21, 22, 23], [31, 32, 33]])
print(result)
```

出力結果 `[[11, 21, 31], [12, 22, 32], [13, 23, 33]]`

（解答例は、3 ページ先にあります）

問 2-10（No.25） 高階関数（関数を扱う関数） ★

次のプログラムは、func 関数を受け取って func の実行時間を表示するような measure_time 関数を定義し、sleep_3s 関数の実行時間を計測している。空欄部分を埋めて、出力結果欄のような出力が行われるようにせよ。

```python
import datetime
import time


def sleep_3s():
    print("I am sleepy...")
    time.sleep(3)
    return "I had a good sleep!"
```

```
def measure_time(func):
    print(f"    ①    at: {datetime.datetime.now()}")
    result =     ②
    print(f"    ③    at: {datetime.datetime.now()}")
    return     ④

print(measure_time(sleep_3s))
```

出力結果（例）

```
（表示される時刻に関してはこの通りになる必要はない）
Started at: 2019-11-01 15:30:00.441415
I am sleepy...
Ended at: 2019-11-01 15:30:03.445324
I had a good sleep!
```

（解答例は、2 ページ先にあります）

問 2-11 (No.26)　組み込みの高階関数　★

　次のプログラムは、人名と年齢の組のリストに対し、Python 標準で使用できる高階関数である map と filter を利用して種々の処理を行うプログラムである。空欄部分を埋めて、出力結果欄のような出力が得られるようにせよ。

```
people = [('Alice', 16), ('Bob', 19), ('Carol', 18),
          ('Dan', 17), ('Erin', 20)]


def get_name(person):
    return person[0]


def get_age(person):
    return person[1]
```

```python
def name_contains_a(name):
    return 'a' in name


def is_teenager(person):
    return 12 < get_age(person) < 20


name_list = list(map(      ①      , people))
print(name_list)


names_with_a = list(filter(    ②    , name_list))
print(names_with_a)


teenagers = list(    ③    (    ④    , people))
print(teenagers)


sum_of_ages = sum(    ⑤    (    ⑥    , people))
print(sum_of_ages)
```

出力結果

```
['Alice', 'Bob', 'Carol', 'Dan', 'Erin']
['Carol', 'Dan']
[('Alice', 16), ('Bob', 19), ('Carol', 18), ('Dan', 17)]
90
```

解答 2-9

① enumerate(mat)

② enumerate(row)

③ j

④ i

　transpose 関数では、最初に mat と同じサイズで要素がすべて 0 の 2 次元リスト mat_t を確保しておき、その後二重 for 文を用い、①②にあるように、mat_t の適切な場所に mat の要素を代入していきます。③④に関しては、添字の j と i の順番を間違えないように注意してください。なお、transpose の定義は for 文を使う代わりに、return [list(row) for row in zip(*mat)] のように zip 関数を使って書き換えることも可能です。

解答 2-10

① Started

② func()

③ Ended

④ result

　関数を引数にしたり、戻り値として返すような関数を**高階関数**と呼びます。引数として渡された関数は、通常の関数と同様、func() のように括弧をつけることで呼び出すことができます。高階関数の用途は様々なものがあり、この問題のように「ある処理の前後に別の処理を挟む」というのはその一例になります。①③については、出力結果から容易に推定できるでしょう。

　②については、問題文にあるように時間を測定している点を考慮すれば、引数 func を実行するので、() をつけて記述することになるでしょう。sleep_3s 関数が返している文字列が出力結果にあることから、func() の返り値を返していることが判断できるので、④は返り値を代入した変数 result になります。

解答 2-11

① get_name

② name_contains_a

③ filter

④ is_teenager

⑤ map

⑥ get_age

　この問題では、標準で利用できる高階関数として map と filter を使用しています。

　map はリストの各要素に対して、何らかの関数を適用した新たなリストを作成するのに使用し、filter はリストの中から特定の条件を満たす要素を探したい場合に使用します。呼び出す場合は map(get_name, people) のように、適用したい関数とその対象を指定します。

問 2-12（No.27）　ラムダ式　★

　次のプログラムは、ラムダ式を用いて問 2-11 のプログラムを書き換えたものである。問 2-11 と同じ出力結果になるよう、空欄部分を穴埋めすること。

```python
people = [('Alice', 16), ('Bob', 19), ('Carol', 18),
          ('Dan', 17), ('Erin', 20)]

name_list = list(map(lambda p:    ①    , people))
print(name_list)

names_with_a = list(filter(lambda n:    ②    , name_list))
print(names_with_a)

teenagers = list(filter(lambda p:    ③    , people))
print(teenagers)

sum_of_ages = sum(map(    ④    , people))
print(sum_of_ages)
```

出力結果

```
['Alice', 'Bob', 'Carol', 'Dan', 'Erin']
['Carol', 'Dan']
[('Alice', 16), ('Bob', 19), ('Carol', 18), ('Dan', 17)]
90
```

解答
2-12

① p[0]

② 'a' in n

③ 12 < p[1] < 20

④ （一例）: lambda p: p[1]

　ラムダ式を用いると、def による関数定義を行わなくても高階関数を利用できます。この問題のように、map 関数で 1 回のみ使用する処理などは、ラムダ式を使って記述することで簡潔に書ける場合があります。ラムダ式と def による定義とは、以下のような差があります。

- 関数に名前をつける必要がない
- ラムダ式の定義部分に使用できるのは Python の構文における「式」のみであり、長い処理を記述したい場合は素直に def による定義を行う。

　一方で、関数に名前をつけずに使用するということは、関数の意図が不明瞭になり、可読性の低下を招く可能性もあります。例えば本問の場合、前問で get_age 関数を用いていたところを p[1] のように書き直している部分は、人によっては逆にわかりづらいと思うかもしれません。読みやすいコードに絶対の条件はありませんが、乱用にならないように意識しましょう。

■ Python ミニ知識　高階関数の結果をリストで得る

　Python 3 の場合、map や filter の返り値そのものはイテレータになっているので、リストがほしい場合は list() で囲んで返り値の変換をすることを忘れないようにしましょう。

問 2-13（No.28） 関数を返す関数 ★★

次のプログラムは、与えられた関数を元に新たな関数を生成して返す generator 関数と generator_lambda 関数を定義している。ソースコード中の空欄および出力結果欄の空欄を埋めて、対応したものになるようにすること。

```python
def generator(f):
  print('generated by generator')
  def generated(*args, **kwargs):
    print('called generated')
    return f(      ①      )
  return generated


def generator_lambda(f):
  print('generated by generator_lambda')
  return lambda *args, **kwargs: f(      ①      )


def func(a, b):
  return a * b


generated_func = generator(func)
generated_func_lambda = generator_lambda(func)


print(func(2, 3))
print(generated_func(4, 5))
print(generated_func_lambda(6, 7))
```

出力結果

```
      ②
      ③
6
      ④
20
42
```

（解答例は、3 ページ先にあります）

問 2-14 (No.29)　デコレータ　　　　　　　　　　　　　　　　★

　次のプログラムは、trace_call 関数をデコレータとして使用し、アッカーマン
関数を計算する ackerman 関数の呼び出し過程をトレースするプログラムである。
空欄部分を埋めて、出力結果欄の出力が行われるようにせよ。

```python
def trace_call(f):
    def traced(*args, **kwargs):
        args_str = ', '.join(map(str, args))
        print(f"start of {f.__name__}({args_str})")
        result = f(*args, **kwargs)
        print(f"end of {f.__name__}({args_str})")
        return       ①
    return      ②


@      ③
def ackerman(m, n):
    if m == 0:
        return n + 1
    elif n == 0:
        return ackerman(m - 1, 1)
    else:
        return ackerman(m - 1, ackerman(m, n - 1))


print(ackerman(2, 0))
```

出力結果

```
start of ackerman(2, 0)
start of ackerman(1, 1)
start of ackerman(1, 0)
start of ackerman(0, 1)
end of ackerman(0, 1)
end of ackerman(1, 0)
start of ackerman(0, 2)
end of ackerman(0, 2)
end of ackerman(1, 1)
end of ackerman(2, 0)
3
```

（解答例は、2 ページ先にあります）

問 2-15（No.30） 再帰の練習 ★★

　次のプログラムは、再帰的に定義された sum_rec 関数と to_binary_rec 関数を定義している。sum_rec は整数のリストの start 番目以降の要素を合計する関数で、to_binary_rec は問 2-7 の to_binary_str と同様、与えられた正の整数を 2 進数表現の文字列に変換する関数である。空欄部分を埋めて出力結果欄の通りに出力されるようにすること。

```
def sum_rec(int_list, start):
    if start >=     ①    :
        return 0
    return int_list[start] + sum_rec(int_list,     ②    )


def to_binary_rec(num):
    if num ==     ③    :
        return ''
    return to_binary_rec(     ④    ) + str(num % 2)


print(sum_rec([2, 9, 11, 33], 0))
print(to_binary_rec(7))
print(to_binary_rec(11))
print(to_binary_rec(32))
```

出力結果
55
111
1011
100000

解答 2-13

① `*args, **kwargs`
② `generated by generator`
③ `generated by generator_lambda`
④ `called generated`

関数の中で新しい関数を定義する場合は、関数の中で def を使って定義します。新しく定義する関数の引数を①の (`*args, **kwargs`) のようにすることで、元の関数の引数がどのような形であろうと扱うことができるようになります。元の関数を呼び出す際にも、同様に (`*args, **kwargs`) と記述することで任意長の引数をそのまま渡すことができます。

②～④に関しては、関数が定義されるタイミングと実際に呼び出されるタイミングに注意してください。この例では生成した関数を `generated_func` や `generated_func_lambda` のように別の変数に代入していますが、実際に使う上では問 2-14 のように、元の関数自体を置き換えることが多くなります。

解答 2-14

① `result`
② `traced`
③ `trace_call`

1 引数の高階関数として定義した関数は、`@trace_call` のように @ **マーク**をつけることで他の関数のデコレータとして使用することができます。

「@ デコレータ名」を関数の前につけると、デコレータを適用した関数になります。例えば本問題の `@trace_call` の部分は、ackerman 関数を定義したあとで、`ackerman = trace_call(ackerman)` としても等価になります。

@ **マーク記法**自体は使用せずとも等価な記述ができますが、@ マーク記法を使うことでより簡潔に記述できます（このように、単に記述を簡潔にするためにプログラミング言語に導入される構文を、**シンタックスシュガー**と呼びます）。

解答 2-15

① `len(int_list)`
② `start + 1`
③ `0`
④ `int(num / 2)`

sum_rec 関数では、リストの長さ分の繰り返しを、再帰を使って記述します。to_binary_rec 関数では、問 2-7 で while 文により繰り返していたことを、再帰で書き直しています。それぞれ、再帰が終了する条件に注意しましょう。

問 2-16（No.31）　再帰による列挙　★★★

　次のプログラムは、与えられたリストの要素の考えうる並び替えパターンをすべて列挙する all_permutations 関数を、再帰を用いて記述している。空欄部分を埋めて、出力結果欄と同じ出力になるようにすること。

```
def dropped_list(src_list, i):
    return [x for k, x in enumerate(src_list) if k != i]


def all_permutations(num_list):
    if num_list == []:
        return    ①
    result_list = []
    for i, elem in enumerate(num_list):
        result_list    ②    list(map(lambda perm:    ③    + perm,
                        all_permutations(    ④    )))
    return result_list


print(all_permutations([1, 2, 3]))
```

出力結果

```
[[1, 2, 3], [1, 3, 2], [2, 1, 3], [2, 3, 1], [3, 1, 2], [3, 2, 1]]
```

解答 2-16
① `[[]]`
② `+=` または `= result_list +`
③ `[elem]`
④ `dropped_list(num_list, i)`

　`all_permutations` 関数では、変数 `num_list` の中から予め 1 要素だけを取り出し、他の要素に関してすべてのパターンを列挙した上で先頭にその要素を付加する、という操作を行っています。`dropped_list` は、リストの i 番目の要素を除いた新しいリストを作成するための補助関数です。

　なお、同様の関数が標準の `itertools` パッケージにも含まれているため、使う場合は自分で実装する必要はありません。

■ **Python ミニ知識　コーディング規約**

　Python で記述するプログラムは、文法通りに書けば当然ながら実行は可能ですし、アルゴリズムなどが正しければそれで正しいプログラムになります。しかしながら、プログラムコードを記述するルールを適用することで、誰が書いたコードでも同様な見栄えになり、結果的には読みやすいコードとなって品質を高めることを期待できます。コードの記述ルールは「コーディング規約」などと呼ばれますが、Python では、標準ライブラリのコード記述のためのルールである「PEP8」が最も影響力があるといえます。PEP は Python Enhancement Proposal の略で、言語仕様など新たな拡張を提案するためのルールであり、その中でコーディング規約が決められたということです。

　ただし、必ずしもこのルールに従わないといけないわけではなく、PEP8 中でも規約を守ることより一貫性を持たせることが重要であることが強調されています。

　PEP8 では、行頭のインデントは 1 レベルあたり 4 つのスペースであることや（本書では 2 スペースとしましたが）、2 行以降に分割するときに 2 行目より後のインデントをどのように合わせるのかと言ったルールがあります。そして、1 行長さは 79 文字ということや、トップレベルの関数やクラスの前には 2 行の空行を空けるといったことが目立つところです。Python のプログラムを理解したら、是非とも一度は読んでみることをお勧めします。

　なお、本書は紙の上のレイアウトなので、PEP8 に合わせると過剰に行が増えるなど、見辛いレイアウトになります。そこで、本来 2 行に空けるところを 1 行にしたり、インデントの 1 レベルは 2 つのスペースにするなど、独自のルールで統一してあります。

問 2-17（No.32） 再帰による探索 ★★★

　再帰を用いて 2 次元リストで表現された迷路を探索し、スタート（0，0）から終点（2 次元リストの最終要素）までの経路が存在するかを調べ、経路が存在する場合は、経路の例を出力する。与えられる 2 次元リストのうち、1 のマスは侵入可能であり、0 のマスは侵入不可能なものとする。進行可能な方向は上下左右斜めの計 8 方向である。出力結果欄の通りに出力されるように空欄を埋めよ。

```python
directions = [[1, 1],[1, 0],[1, -1],[0, 1],[0, -1],[-1, 1],[-1, 0],[-1, -1]]


def search_path_rec(map_array, visited, gx, gy, cx, cy):
  if not 0 <= cy < len(map_array) or \
    not 0 <= cx < len(map_array[cy]) or \
    visited[cy][cx] or    ①    == 0:
    return None
      ②    [cy][cx] = True
  if cx ==    ③    and cy ==    ④   :
    return [(cx, cy)]
  for direction in directions:
    path = search_path_rec(map_array, visited, gx, gy,  ⑤ ,  ⑥ )
    if path is not None:
      path = [(cx, cy)] +    ⑦
      break
  return path


def search_path(map_array):
  visited = [[False] * len(l) for l in map_array]
  path = search_path_rec(map_array, visited, len(map_array[0]) - 1,
                         len(map_array) - 1, 0, 0)
  if path is None:
    print("No path found")
  else:
    print(f"A path found: {path}")
```

```
search_path([[1, 1, 1],
             [0, 1, 1],
             [1, 0, 1]])
search_path([[1, 0, 1, 0],
             [1, 0, 0, 0],
             [1, 0, 0, 1],
             [1, 1, 0, 1]])
search_path([[1, 0, 0, 1, 1],
             [1, 0, 0, 1, 0],
             [1, 0, 1, 0, 1],
             [1, 0, 1, 0, 1],
             [0, 1, 0, 0, 1]])
```

出力結果

```
A path found: [(0, 0), (1, 1),
(2, 2)]
No path found
A path found: [(0, 0), (0, 1),
(0, 2), (0, 3), (1, 4), (2, 3),
(2, 2), (3, 1), (4, 2), (4, 3),
(4, 4)]
```

（解答例は、2ページ先にあります）

問 2-18（No.33）　再帰による構文解析 　　　★★★

　次のプログラムは、与えられた文字列の中で、丸括弧がバランスよく出現しているかを調べ、バランスが悪い場合には「unbalanced」と表示し、そうでない場合には丸括弧以外の文字がどの深さに出現しているかを表示するプログラムである。バランスがよいことの定義は以下のものとする。

- 開き括弧「 (」と閉じ括弧「) 」の出現回数が等しい
- 文字列を最初から1文字ずつ調べていった時、開き括弧の出現回数が常に閉じ括弧の出現回数と等しいかそれよりも多い

　また、「i文字目の深さ」とは、「i-1文字目までの開き括弧の出現回数 − 閉じ括弧の出現回数」を指す。出力結果欄の通りに出力されるように空欄を埋めよ。

```
def parse_rec(text, current_depth):
    index = 0
    result_texts = []
    current_text = ""
    while index < len(text):
```

```
      if text[index] == "(":
        each_index, each_result = parse_rec(text  ①  ,   ②  )
        if each_index is      ③   :
          return None, []
        index += each_index +     ④
        result_texts += each_result
      elif text[index] == ")":
        if current_depth    ⑤    0:
          return None, []
        break
      else:
        current_text += text[index]
        index += 1
    else:
      if current_depth    ⑥    0:
        return None, []


  if len(current_text) > 0:
    result_texts += [f"{c}: {current_depth}" for c in    ⑦    ]
  return index, result_texts


def parse(text):
  (read_pos, results) = parse_rec(text, 0)
  if read_pos is None:
    print("unbalanced")
  else:
    print(', '.join(results))


parse("((A))")
parse("(())))")
parse("(((B)((C))))T")
parse("(((D))(G((E))H)(F))")
parse("(((((I)(J)))")
```

出力結果
```
A: 2
unbalanced
B: 3, C: 4, T: 0
D: 3, E: 4, G: 2, H: 2, F: 2
unbalanced
```

解答 2-17

① `map_array[cy][cx]`

② `visited`

③ `gx`

④ `gy`

⑤ `cx + direction[1]`

⑥ `cy + direction[0]`

⑦ `path`

　search_path 関数は探索の初期値として、search_path_rec 関数に引数を渡し、再帰的に迷路の探索を行うことで経路の有無を調べていきます。同じマスを重複して調べないよう、補助の 2 次元リストとして visited を用意してチェックします。各 search_path_rec 関数の呼び出しでは、点（cx, cy）からの経路が存在するかを調べていて、それぞれ隣接 8 方向に対して search_path_rec 関数を呼び出して探索範囲を広げていきます。目的地（gx, gy）にたどり着いたら、その点から順に再帰呼び出しを逆戻りしていくことで、経路を出力しています。

解答 2-18

① `[index + 1:]`

② `current_depth + 1`

③ `None`

④ `2`

⑤ `==`

⑥ `>`

⑦ `current_text`

　このプログラムでは、先頭から 1 文字ずつ調べていき、開き括弧が出現するたびに深さを増やして parse_rec 関数を呼び出し、括弧の対応関係と、各深さに出現する文字列を調べます。閉じ括弧が出現したら、そこで繰り返しを打ち切って深さを 1 つ減らします。

　探索の途中でバランスがよくないことが判明したら、その時点で探索を打ち切ります。各 parse_rec 関数の呼び出しにおける index は、文字列の先頭から数えた位置ではなく、対応する開き括弧から数えた距離に相当することに注意しましょう。

データ構造
－リスト、タプル、辞書、集合、クラス－

　Python で作成するプログラムでは、単純なデータだけではなく、様々な形式の
データが利用されます。もちろん、**オブジェクト指向プログラミング**に基づき**クラス**の定義ができるので、任意に定義した複合データをオブジェクトとして利用できます。しかしながら、2 つ以上の値を 1 組にした**タプル**、複数のデータをひとまとめにした**リスト、辞書、集合**といったデータ構造は、構造定義をする必要なく、汎用的に複雑なデータを扱えるので、高度なプログラムを作成するためには欠かせない機能です。

3.1　タプル
　タプルは複数の値（**要素**）を 1 つにまとめたものです。例えば、東京駅の緯度と経度を記録する時に、それぞれ変数で記録してもいいのですが、タプルとして、「(35.681236，139.767125)」と記述することができます。普通のカッコで囲み、カンマで区切ります。要素はオブジェクトでもよく、3 つ以上あっても構いません。例えば、出発駅と到着駅に加えて、その間の運賃も含めて 1 つのデータとして扱いたい場合は「('東京'，'有楽町'，136)」のように記載でき、このタプルそのものを 1 つの変数に記録することができます。プログラムの例をご覧ください。

```
trainEdge = ('東京', '有楽町', 136)

print(len(trainEdge))          出力結果  3
print(trainEdge[1])            出力結果  有楽町
print(trainEdge[1:3])          出力結果  ('有楽町', 136)
print('東京' in trainEdge)     出力結果  True
print('横浜' in trainEdge)     出力結果  False
```

　まず、len 関数で、要素数を得ています。要素は [ ] で囲って 0 から始まる**イン
デックス値**か、さらに 2 つの値をコロンで区切って範囲を指定する方法で、部分的
なタプルを生成することができます。

　範囲については、「1:3」により、2 番目と 3 番目の要素が得られますが、この時
に指定する数値は、要素と要素の間に番号が振られていて、最初の文字の前が 0 番
目と考えればわかりやすいでしょう。つまり、タプルに対して (⓪ ' 東京 '、 ① '
有楽町 '、 ② 136 ③) のような丸数字が振られていて、「1:3」は、①～③の範囲の
要素を含むものと解釈されます。タプルの中に要素があるかどうかは in 演算子を
利用することができます。

　タプルは不変性を持ちます。例えば、3 つの要素のあるタプルの 2 番目の要素を
変更するということはできません。したがって、タプルには、要素の追加や削除を
行うメソッドは利用できません。一部が異なるタプルを作りたい場合は、新たにそ
のような要素を持つタプルを作ります。

3.2 リスト

　Python の**リスト**は、他の言語では配列と呼ばれているものと同じです。要素に
は数値だけでなく、オブジェクトを指定することもできます。リストのリテラルは、
[ ] で囲った中に、要素をカンマで区切って記述します。要素を記録するとともに、
順序についても記録され、順番を指定して要素を取り出すことができます。また、
同一と見なせる要素があっても構いません。プログラムの例をご覧ください。

```
stations = ['東京', '上野', '赤羽', '浦和']

print(len(stations))           出力結果  4
print(stations[1])             出力結果  上野
print(stations[1:3])           出力結果  ['上野', '赤羽']
```

```
print('東京' in stations)      出力結果 True
print('横浜' in stations)      出力結果 False
print(stations.index('赤羽'))  出力結果 2
stations.append('大宮')
print(stations)  出力結果 ['東京', '上野', '赤羽', '浦和', '大宮']
stations.remove('東京')
print(stations)  出力結果 ['上野', '赤羽', '浦和', '大宮']
stations.insert(1, '尾久')
print(stations)  出力結果 ['上野', '尾久', '赤羽', '浦和', '大宮']
stations.sort()
print(stations)  出力結果 ['上野', '大宮', '尾久', '浦和', '赤羽']
stations.reverse()
print(stations)  出力結果 ['赤羽', '浦和', '尾久', '大宮', '上野']
```

　リストの要素数は len 関数で得られます。また、[ ] により、特定の要素や、リストの一部を取り出すことができます。最初の要素が 0 で、コロンで区切って範囲を指定することもできます。さらに、in 演算子で要素が含まれているかどうかの判定ができます。ここまではタプルと同じですが、リストは、要素の追加や削除ができるので、タプルのような一塊りのものでなく、値が直線的に集まったものと考えるべきでしょう。

　特定の要素が何番目（0 番で始まる）かは、index メソッドで得られます。また、append メソッドにより末尾に値を追加し、remove メソッドによりその要素の値を削除します。順序の途中に要素を割り込ませるには、insert メソッドを利用しますが、第 1 引数に、追加したものが何番目になるかを指定し、適用するリストに元からある指定番目以降の要素は後ろに回ります。sort メソッドは要素の並べ替え、reverse メソッドは反対の順番の要素を返します。

　文字列を分解したり、あるいはリストの要素を結合して文字列にすることは、よく利用されます。文字列に対して split メソッドを適用すると、メソッドの引数に指定した文字列で区切って、それぞれが要素となったリストが得られます。また、join メソッドを利用すると、引数に指定したリストの要素を結合した文字列が得られます。join メソッドを適用した文字列が、要素と要素の区切り文字として挿入されます。

3.3 辞書

辞書は、キーと値のセットを要素に持つことができ、複数のキーと値のセットを保持することができます。リテラルは、**キー**と値をコロンで区切ったものを、カンマで区切り、さらに全体を { } で囲います。この時、キーも値も、文字列なら文字列リテラルとして記述します。つまり、シングルあるいはダブルクォーテーションで囲まないといけません。なお、キーも値も、変数を指定することができます。1つの辞書の中では、重複したキーを持つ要素は存在できません。リストがある種の連続的なデータの記述なのに対して、辞書はデータベースの1つのレコードのような扱いをすることが多いでしょう。プログラムの例をご覧ください。

```python
person = {'name': '八郎', 'birthday': '1992-06-21', 'area': '埼玉'}
```

```python
print(len(person))
```
　出力結果　3
```python
print(person['birthday'])
```
　出力結果　1992-06-21
```python
print('name' in person)
```
　出力結果　True
```python
print('八郎' in person)
```
　出力結果　False
```python
print(person.keys())
```

　出力結果　dict_keys(['name', 'birthday', 'area'])

```python
print(person.items())
```

　出力結果　dict_items([('name', '八郎'), ('birthday', '1992-06-21'), ('area', '埼玉')])

```python
for key in person:
    print(key, person[key])
```

　出力結果　name 八郎／birthday 1992-06-21／area 埼玉

```python
person['school'] = 'University'
print(person)
```

　出力結果　{'name': '八郎', 'birthday': '1992-06-21', 'area': '埼玉', 'school': 'University'}

```python
person.pop('birthday')
```

```
print(person)
```

> 出力結果 `{'name': '八郎', 'area': '埼玉', 'school': 'University'}`

```
del person['area']
print(person)
```

> 出力結果 `{'name': '八郎', 'school': 'University'}`

```
person.update({'pet': 'cat'})
print(person)
```

> 出力結果 `{'name': '八郎', 'school': 'University', 'pet': 'cat'}`

```
person.update(hobby='programming', favorite='python')
print(person)
```

> 出力結果 `{'name': '八郎', 'school': 'University', 'pet': 'cat',
> 'hobby': 'programming', 'favorite': 'python'}`

　辞書もやはり len 関数で要素数がわかります。辞書の値を取り出すには、[**キー**] を後ろに適用して取り出します。存在しないキーを指定すると、実行時に `KeyError:` が表示されて、そこで実行がとまります。

　キーが存在するかどうかは、in 演算子でわかります。keys メソッドで、キーのリストが得られ、イテレータとして for in で順番の取り出しが可能ですが、辞書自体がイテレータとして機能するので、辞書を for in で順番に処理すれば、キーが順次得られます。

　もちろん、元の辞書に [キー] を適用することで値が得られるので、中身を順番にチェックしたい場合はこの方法を利用します。また、items メソッドは dict_items クラスの値が得られ、for in で順番に取り出すと、キーと値を要素に持つタプルが順番に出てきます。

　なお、キーの順序は、原則として一定ではありませんので、順序に依存したプログラムにしないようにしましょう。辞書には順序という概念がないので、index、append、insert といったメソッドは利用できません。

　特定のキーの値を追加したり、あるいは値を置き換えるには、「辞書 [キー]」に対して代入します。キーが存在しないものなら新たに要素を作り、存在していれば

値を上書きします。また、update メソッドは、要素を指定して追加や変更が可能
ですが、プログラムの最後から 2 番目のように「キー= 値」をカンマで区切って複
数記述することも可能です。この時、キーは文字列リテラルで記述する必要はあり
ません。値は変数でもよいですが、文字列ならリテラルで記述します。また、特定
の要素を消したい場合は、pop メソッドや del を使います。いずれも、キーを指定
して要素を削除します。

3.4　集合

　集合はリストと同様に値を複数持つものですが、同一の値を複数記録することは
できないという大きな特徴があります。また、集合の要素には順序の概念がありま
せん。このような特徴は、数学での集合と同じです。リテラルは、{ } で囲った中
に値をカンマ区切りで記述します。プログラムの例をご覧ください。

```python
stations = {'東京', '上野', '赤羽', '浦和'}

print(len(stations))        出力結果 4
print('東京' in stations)    出力結果 True
print('横浜' in stations)    出力結果 False
stations.add('大宮')
print(stations)    出力結果 {'東京', '赤羽', '浦和', '大宮', '上野'}
stations.add('大宮')
print(stations)    出力結果 {'東京', '赤羽', '浦和', '大宮', '上野'}
stations.remove('東京')
print(stations)    出力結果 {'赤羽', '浦和', '大宮', '上野'}
```

　ここでは、リストとの違いを中心に説明します。まず、順序は保持しないので、
stations[1] や index メソッドは利用できません。存在確認は、in 演算子で可能
です。add メソッドで要素を追加できますが、すでに存在するものと同一視できる
要素（例では、2 つ目の add メソッドの引数にある文字列「大宮」）を追加しようと
しても、追加はされません。remove で削除は可能です。リストなどから集合を生
成する場合、set 関数を使えます。

3.5　クラス

　Pythonでのプログラミングは、「**オブジェクト指向プログラミング**が必須」という感じではないのですが、ある程度以上の規模のプログラムを作るとなると、やはりオブジェクト指向プログラミングを行うことで、**メンテナンス性のよいコード**を作ることが可能になります。

　まず、**クラス定義**と**プロパティ**、**メソッド**の定義の基本ですが、class **キーワード**に続いて識別子の名前として利用できる任意のクラス名を定義します。そして、コロンで終えて、クラス定義全体を1つのブロックとします。定義中には、プロパティとメソッドが記述されます。

　プロパティは単に変数を記述して、代入の記述を行うことで初期値を指定します。

　メソッドはブロック内に関数を記述します。ただし、その関数には必ず1つ以上の引数が必要であり、1つ目の引数は、オブジェクトそのものへの参照が設定されて呼び出されます。処理に必要な引数が2つのメソッドを定義する場合、関数は3つの引数を持ち、処理のための引数は第二引数以降に指定をします。

　そのような仕組みなので第一引数名はなんでもいいのですが、通常は self が使われ、クラス内では self が自分自身への参照として利用されます。

　クラスをもとにオブジェクトを生成するには、クラス名に（　）をつけます。これでオブジェクトへの参照が得られるので適当な変数に代入し、その変数にドット（.）を経由してプロパティ名やメソッド名を記載することで、プロパティやメソッドを利用できます。もちろん、メソッドの利用時は引数の（...）を必ず記述します。

```python
class Cat:
  name = 'unknown'
  can_fly = False

  def call(self):
    print(f"{self.name}: Meeeew")

tabby = Cat()
tabby.name = "Rui"
tabby.call()
```

出力結果　Rui: Meeeew

　なお、Python のプログラムでは変数はいきなり代入して利用できました。プロパティについても同様で、class ブロック内に定義しなくても、いきなり、上記のプログラムの後に「tabby.coloring = "brown stripe"」などと記述すると、coloring プロパティとして文字列を記録します。しかしながら、そうなると、プロパティの存在があちこちの情報を集めないとわからなくなるので、class ブロックに記述するのがよいでしょう。

　クラス定義を継承したい場合は、クラス名の後に、既存のクラス名を（）を付けて並べます。そうすると、（）内のクラスを継承して新たなクラスが定義されます。これには例えば、「class TabbyCat(Cat):」のように class キーワード以降を記述します。継承により元のクラスのメソッドなどが利用でき、既存クラスの仕組みを別のクラスでも利用できることになり、**ソフトウェアの再利用**の基本的な手法になっています。（）内をカンマで区切って複数のクラス名を記述することで多重継承も可能です。継承元のクラスを参照するには、super() を記述します。

　上記のようなプロパティやメソッドはいずれも**パブリック**、つまり外部から利用できます。もし、内部だけで利用したい**プライベート**なプロパティやメソッドを定義したい場合は、名前の最初にアンダースコアを 2 つ続けます。例えば、「def __store(self):」のようにメソッドを定義します。

　コンストラクタを定義したい場合は、__init__ メソッドとして定義します。つまり「def __init__(self, the_name):」のようなメソッド定義をします。引数は 1 つ以上、いくつかの変数を指定しますが、1 つのクラスで複数のコンストラクタを定義すると、最後のものだけが有効になります。また、**デストラクタ**は「def __del__(self):」、**インスタンス作成**のための「def __new__(cls, ...):」、加算などの演算子を定義するためのメソッドなど、クラスの動作をカスタマイズするメソッドは多数定義されています。これらは、名前の前後にアンダースコアを 2 つ持っている点では共通しています。

　クラスメソッドを定義したい場合には、def での関数定義の前の行に、@classmethod を記述します。そして、そのメソッドの最初の引数は、**クラスインスタンス**を示す「cls」という変数にしておきます。

　このメソッドの中での**クラスプロパティ**や**クラスメソッド**の呼び出しは、「cls. 名前」で利用しますが、そのほかの場所からは、「クラス名 . メソッド名(...)」など、クラス名を直接利用してクラスメソッドやクラスプロパティを利用できます。

問3-1（No.34） オブジェクトのメソッド ★

「ヤマモト　サナエ，29歳です！」と表示するように、以下のコードにある空欄
を埋めよ。

```
   ①      Person:
  def     ②     (self, last_name, first_name, age):
    self.last_name = last_name
    self.first_name = first_name
    self.age = age

  def description(self):
    return self.last_name + " " + self.first_name + ", " + \
           ③     (self.age) + "歳です!"


sanae = Person("ヤマモト", "サナエ", 29)
print(sanae.description())
```

問3-2（No.35） クラスメソッド ★

以下のプログラムで出力される結果を予測せよ。

```
class Counter:
  created = 0

  def __init__(self):
    Counter.created += 1

  @classmethod
  def how_many(cls):
    return cls.created
##プログラムは右に続く
```

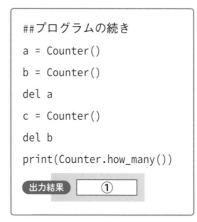

```
##プログラムの続き
a = Counter()
b = Counter()
del a
c = Counter()
del b
print(Counter.how_many())
```

出力結果　　①

解答 3-1

① class
② __init__
③ str

　クラスを定義するためには「class」というキーワードを使います。クラスのインスタンスを初期化するコードは __init__ メソッドの中に書きます。__ で囲まれるので、このメソッドは Python の特殊メソッドです。

　description メソッドでは、表示するための文字列を作成しますが、そのまま self.age を文字列の結合を行っている式の中で一緒に使うと、"TypeError: Can't convert 'int' object to str implicitly" のエラーが検出されます。そこで、数値を文字列に変換するために、str メソッドを使います。

解答 3-2

① 3

　del は変数を消しますが、ここでは変数 a、b で参照されている Counter クラスのインスタンスがなくなります。しかしながら、クラス属性は del では消えずに残ります。変数を消す時に、クラス属性を変更したい場合は、クラスのデストラクタである __del__(self) という特殊メソッドを定義する必要があります。

■ Python ミニ知識　self について

　self 変数はインスタンス自体を示します。ほとんどのオブジェクト指向言語は隠したパラメータとしてオブジェクトのメソッドに渡しますが、Python は違います。明示的に宣言する必要があります。しかし、インスタンスを作成して、そのメソッドを呼び出す場合は、明示的に渡す必要がありません。実は「self」の変数名は規約で決まっているだけです。「hogehoge」も「name」もどの文字列でも使えます。第一引数はインスタンス自体の変数になりますので、

　def some_operation(self, name)　の代わりに　def some_operation(name)

を記述した場合、some_operation を呼び出すと、いくつかのエラーが検出される可能性があります。次の TypeError はよく出るのは、

　TypeError: description() takes 1 positional argument but 2 were given

問 3-3 (No.36)　リストの内包表記 - 偶数　★

0 から 100 までの偶数のリストを作成するように、以下のコードの空欄を埋めよ。

even = [i 　①　 i in range(0, 　②　) if i 　③　 2 == 0]

（解答例は、3 ページ先にあります）

問 3-4 (No.37)　偶数、再考　★

問 3-3 の偶数のリストの定義はちょっと複雑だから、別の書き方をしたい。コードの空欄を埋めよ。

even = 　①　(　②　(　③　))

（解答例は、3 ページ先にあります）

問 3-5 (No.38)　float 変換　★★

下記の関数は float の引数を小数点以下最大 3 桁の文字列にドットの代わりにカンマを使用して、変換する。プログラムの最後には、2 通りの数値でこの関数を呼び出した結果が記載されている。このような結果になるように、コードの空欄を埋めよ。

```
def format_float(number):
    if type(number) is not float:
        raise TypeError("引数のタイプはfloatではありません")
    number = str(number)
    integer_part, float_part = number. 　①　 (".")
    return ",". 　②　 ([integer_part, float_part[ 　③　 ]])
```

```
print(format_float(3.999999999))
```
出力結果　3,999

```
print(format_float(1.5))
```
出力結果　1,5

（解答例は、4 ページ先にあります）

問 3-6 (No.39)　平方数　★★

　下記のコードは、[0,100]（つまり、0～100 の間）に含まれる数値のランダムリストを生成して、そのリストの平方数（平方根が整数の数値）のリストを作るものである。なお、乱数で得られた数値からは重複する値は省いている。そのように動作するために、コードの空欄を埋めよ。

```
import random
import math

numbers = []
for i in range(0, 50):
    numbers.append(random.randint(0, 100))

# 重複を削除する
numbers = |    ①    |(numbers)

# 平方数を見つける
squares = [n for n in numbers if math.sqrt(n).is_|    ②    |()]
```

（解答例は、3 ページ先にあります）

問 3-7 (No.40)　for ループでコレクションの変更　★★

以下のプログラムで出力される結果を予測せよ。

```
a = [x for x in range(0, 10)]
for i in a:
    if i % 2 == 0:
        i = 0
print(a)    出力結果    |    ①    |
```

（解答例は、3 ページ先にあります）

問 3-8（No.41）　継承　★

以下のプログラムで出力される結果を予測せよ。

```
class Person:
  def __init__(self, last_name, first_name):
    self.last_name = last_name
    self.first_name = first_name

  def __str__(self):
    return "{0} {1}".format(self.last_name, self.first_name)


class SpecialAgent(Person):
  def __init__(self, last_name, first_name, number):
    super().__init__(last_name, first_name)
    self.number = number

  def __str__(self):
    return "Agent {0}. {1}, {2} {1}".format(self.number,
          self.last_name, self.first_name)


agent = SpecialAgent("Bond", "James", "007")
print(agent)
```
出力結果　①

（解答例は、3ページ先にあります）

① for（リストの内包表記のイテレーションのためによく使うキー
　　ワードです）

② 101（range の第二引数には数列の最後の数字の次の数字を渡す）

③ %（モジュロ演算子：n % 2 = 0 は偶数の定義ですね）

　リストの内包表記によるイテレーションは、for ループとよく似ています。数学
でよく使う変数は x ですが、Python では i をよく使うこと以外、基本的な書き方
は数学の集合の表記に近いものです。

　Python：[x for x in S if xが満たす条件]　数学：{x ∈ S | xが満たす条件}

　偶数は、「x % 2 == 0」となる x であると定義できるので、以下のように記述で
きます。つまり、集合の考え方に基づいたプログラムを Python ではリストの内包
表記として記述できるということです。

　Python：[x for x in S if x % 2 == 0]　数学：{x ∈ S | x ≡ 0 (mod 2)}

　ここで、元になる集合を range 関数で生成します。数学での記述だと、具体的な
数値を記載することと等しくなります。range 関数の第二引数には数列の最後の数
字の次の数字を使うように注意しましょう。

　Python：[x for x in range(0, 101) if x % 2 == 0]
　数学：{x ∈ [0,100] | x ≡ 0 (mod 2)}

　上記の Python による記述は、ほぼ解答のプログラムに近いものになっています。

① list　　　② range　　　③ 0, 101, 2 または 0, 102, 2

　list メソッドは iterable（反復可能）な値を引数に指定すれば、その要素をリ
ストの形で返します。iterable なものとしてリスト、タプル、辞書、集合、文字列、
または iterator オブジェクト、__iter__ 特殊メソッドを持っているオブジェクト
があります。range メソッドの第三引数は「step」なので、range(0, 101, 2) のイ
テレーションは 0, 2, 4, …, 98, 100 となり、偶数のリストが作成できます。

解答 3-5	① split
	② join
	③ :3 または 0:3

　引数を文字列に変換し、さらに split メソッドを使って「.」の前後で分割することで、整数部分と小数部分がそれぞれ得られます。その後、整数部分と小数部分の最初の 3 桁を「,」に join メソッドを適用して結合します。

　split メソッドの戻り値はリストですが、Python ではメソッドの戻り値を複数の変数に直接入れることは可能です。最後に、最大 3 桁となるように、得られた小数部分の文字列に対して [0:3] のスライスを使います。なお、1.5 のように、小数部分が 3 桁ない場合には、あるだけ（ここでは 1 桁）の文字列を出力します。

解答 3-6	① set または dict.fromkeys
	② integer

　まず最初の for により、random.randint による乱数の生成を 50 回行い、それらを変数 numbers のリストとして蓄積します。続いて numbers に含まれている要素の重複を削除するために、リストを集合（set）にします。残っている整数から、リスト内包表記を使って、平方数のリストを作成します。

　math.sqrt(n).is_integer() は True であれば、n の平方根は整数ということですね。

　※ リストの重複を削除するのはよく必要になる操作ですが、実装方法に注意しましょう。list(set(input)) のコードはよく使いますが、集合は順序なしのコレクションですので、元の順序は維持される保証がありません。必ず順序を守る必要がある時には、list(dict.fromkeys(input)) を使いましょう。

解答 3-7	① [0, 1, 2, 3, 4, 5, 6, 7, 8, 9]

　このプログラムは for ループで使う変数を変更するだけです。リストの値には影響しません。ある**コレクション**をループしながら同じコレクションを変更することは複雑です。代わりに、コレクションのコピーをループするか、新しいコレクションを作成する方が安心で、簡単です。

解答
3-8

① Agent 007. Bond, James Bond

SpecialAgent クラスは Person クラスを継承しています。通常、サブクラスになる SpecialAgent の __init__ メソッドの中で、スーパークラスの Person の __init__ メソッドを呼びます。スーパークラスのメソッドは、super() により参照できます。

print(agent) では引数がオブジェクトの場合、そのオブジェクトの __str__ メソッドを呼び出します。つまり、変数 agent が参照している SpecialAgent クラスのオブジェクトに対して __str__ メソッドを呼び出します。SpecialAgent クラスには __str__ メソッドが定義されますので、親クラス側は呼び出さず、クラスにある __str__ メソッドをそのまま使います。

SpecialAgent クラスに __str__ メソッドがなかったら、print(agent) の出力は Person クラス側の __str__ メソッドを利用し、出力されるのは「Bond　James」だけです。

■ Python ミニ知識　型名や関数名でも変数名に使えてしまう

他の言語をご存知の方は、「変数名として使えない名前」があるのをご存知でしょう。例えば、C 言語では、基本型である int の名前は「予約語」とされ、変数名として利用できなくなっています。一方、Python では、型の名前の変数名を定義して使用できてしまいます。「int = 10」と記述すれば、変数 int に 10 を入れるという動作ができてしまいます。自由度が高く素晴らしい！と喜ばないでください。その結果、文字列を整数に変換する int 関数が利用できなくなり、「int("99")」では「TypeError: 'int' object is not callable」という例外が発生してしまいます。つまり、int が関数でなくなったのです。関数名と同じ名前の変数を確保して利用するのは、特別な意図がない限りは避けるべきです。次のようなプログラムは、print の部分で同様に TypeError が発生します。

```
str = "Test String"
print(str(19) + "times")
```

Java などにお馴染みの方は、文字列は String か string と思われるかもしれません。しかしながら、Python では「str」が文字列の型名です。上記のプログラムだと見ればわかると思うかもしれませんが、この 2 行が長いプログラムの最初と最後だったら意外に見つかりにくいでしょうね。他には、変数 print、変数 list は利用しないように注意しましょう。

問 3-9 (No.42)　Time + int = Time　★★

以下のコードにおいて、「05:07」を表示するように空欄を埋めよ。

```python
class Time:
    def __init__(self, mins=0, secs=0):
        self.mins = mins
        self.secs = secs

    def __str__(self):
        return "  ①  :  ②  ".format(self.mins, self.secs)

    def    ③    (self, to_add):
        """to_add is an integer"""
        new_time = Time()
        new_time.mins = self.mins
        new_time.secs = self.secs
        new_time.secs += to_add

        if new_time.secs    ④    60:
            new_time.mins += new_time.secs    ⑤    60
            new_time.secs = new_time.secs    ⑥    60

        return new_time


print(Time(3, 5) + 122)
```

解答 3-9

① {0:02}

② {1:02}

③ __add__

④ >=

⑤ //

⑥ %

　まず、__str__ メソッドの中で出力する文字列を作っています。ここで、format メソッドの引数の値が、書式指定文字列内の {0}，{1} と入れ替わるのは format の基本仕様ですね。加えて入れ替える文字列のフォーマットを特定することも可能です。{0:02} の 02 は 2 桁で値を表示するという意味です。

　3 つ目のメソッドは、そのクラスのオブジェクトを使用した加算処理を記述し、その結果、最後のステートメントのように、オブジェクトに対して 122 を加えるといった処理が記述できるようになります。内容は簡単な算数ですね。分は商で、秒は剰余です。

　※ __radd__ メソッドと __iadd__ メソッドを使う方法もあります。

■ **Python ミニ知識　＋演算子のオーバーロード**

　__init__ や __add__ などのニックネームは「マジックメソッド」です。なにがマジックかというと、直接に呼び出す必要がなくて、舞台裏で実現されます。「x = A()」を書くと、Python が __new__ と __init__ を呼び出し、「4 + 5」を書くと、__add__ を呼び出します。本問題でやったのは演算子のオーバーロードと呼ばれて、呼び出したインスタンスによって「+」の意味が変わります。もちろん「+」だけではなく、他の演算子のオーバーロードも定義できます。

　「+」の場合は「__add__」と「__radd__」（right add，右からの足算）の再定義は可能です。Python は最初に、左側の被演算子が使える __add__ を探します。なければ、右側の被演算子が使える __radd__ を使います。もちろん、両側に適切な定義がなければ、エラーが検出されます。例えば print(122 + Time(3, 5)) の場合は

```
TypeError: unsupported operand type(s) for +: 'int' and 'Time'
```

が検出されます。int は左から Time を足す方法がわかりません。Time も右から int を足す方法がわかりませんので、その足算は不可能です。Time の __add__ と __radd__ を定義したら、どの順番でも、計算できます。

　__iadd__ は「+=」のオーバーロードのために使います。しかし、「+=」を使う時に、__iadd__ がなければ、__add__ が呼び出されます。

問 3-10（No.43）　学生のリストのソート　　★★

　以下のコードに記述した変数 students は学生の名前、身長、体重のタプルのリストとする。身長の降順で並べ替えて、新しいリストを作成したい。コードの空欄を埋めよ。

```
students = [
    ("Alice", 165, 49.52),
    ("Bob", 172, 63.12),
    ("Charlie", 185, 77.42),
    ("Dave", 169, 70.03),
    ("Eve", 165, 55.78),
]


students_sorted =    ①   (   ②   ,
        key=   ③    student: student[   ④   ], reverse=True)
```

問 3-11（No.44）　学生のリストのより簡潔なソート　　★

　問 3-10 はラムダ式を使用したが、下記のコードはより簡潔な方法で同様のことを行えるようにしたい。コードの空欄を埋めよ。

```
from operator import    ①

students = [
    ("Alice", 165, 49.52),
    ("Bob", 172, 63.12),
    ("Charlie", 185, 77.42),
    ("Dave", 169, 70.03),
    ("Eve", 165, 55.78),
]


students_sorted = sorted(students, key=   ①   (1), reverse=True)
```

解答 3-10　① sorted　③ lambda
　　　　　　　② students　④ 1

　sorted 関数はコレクションをソートするために使います。sorted 関数の第一引数はソートしたいリストになります。key パラメータを使うと、各要素に対して呼び出される関数を指定することができます。

　特定の要素を取り出すためにラムダ式を使用するのはよくあるパターンです。ラムダ式の変数はリストの要素なので、身長でソートしたい場合は、タプルの 2 番目すなわちインデックス 1 の値が対象になります。降順にするために、reverse パラメータの値を True にします。

解答 3-11　① itemgetter

　sorted 関数では、並べ替えるデータ、すなわちキーとなるデータを返す関数を、key パラメータで得られるようにしておくというのがポイントです。その場合に非常に便利に使えるのが、operator モジュールに定義されている itemgetter 関数です。タプルの配列を並べ替えるようなこの問題の場合、itemgetter 関数にタプルの何番目の値かを引数で指定するだけで利用できます。身長は 2 つ目の要素なのでインデックスでは 1 に相当し、「key=itemgetter(1)」と記述すれば、望む結果が得られます。

　シンプルに考えれば簡単に済ませられる問題ですが、itemgetter 関数がどのような関数を返すのでしょうか？　実際にソートを行う時、1 つの要素つまりこの問題では 1 つのタプルを取り出して、それを元にソートの手がかりとなるキーのデータを取り出すのが key パラメータで与えられる関数の動きです。itemgetter 関数を呼び出す時に引数が 1 つの場合だと、得られる関数は「引数で与えたオブジェクトに対して、itemgetter 関数を呼び出したときの引数をインデックスとして要素を取り出す」という処理を行います。itemgetter(1) で得られた関数を仮に func_1(obj) と記述すれば、sorted 関数は、最初の要素に対してまず「func_1(("Alice", 165, 49.52))」を行い、引数のインデックス 1 つまり「165」という数値を得ます。この操作をすべての要素に対して行って各要素のインデックス 1 のデータを集めて、それをキーとして並べ替えを行います。便宜上「引数をインデックスとして要素を取り出す」と表現しましたが、より具体的に説明すると、そのオブジェクトに対して、__getitem__ メソッドを適用します。

問 3-12（No.45）　学生のリストのより複雑なソート　★★★

下記のコードは学生の身長（height）の降順で並べ替えて、新しいリストを作るものである。さらに、同じ身長の学生がいれば、体重（weight）の昇順で並べ替える。そのように動作するようにコードの空欄を埋めよ。

```
from operator import    ①

class Student:
  def __init__(self, name, height, weight):
    self.name = name
    self.height = height
    self.weight = weight

students = [
  Student("Alice", 165, 49.52),
  Student("Bob", 172, 63.12),
  Student("Charlie", 185, 77.42),
  Student("Dave", 169, 70.03),
  Student("Eve", 165, 55.78),
]

students.sort(key=  ①  (  ②  ), reverse=  ③  )
students_sorted = sorted(students,
                         key=  ①  (  ④  ),
                         reverse=  ⑤  )
```

解答 3-12

① attrgetter
② "weight"
③ False
④ "height"
⑤ True

　attrgetter は itemgetter に似てますが、オブジェクトの属性を使用することができます。まずは体重でソートするため、attrgetter("weight") のクオーテーションマークを忘れずに書きます。体重は昇順でソートしたいので、reverse=False を使いますが、False はデフォルトなので、reverse=False を書かなくてもよいです。

　2つ目のソートは身長の降順でやりたいので、1つ前の行と同様に key=attrgetter("height"), reverse=True を書きます。

※2つの条件でソートしたい時に、2つ目の条件でソートしてから1つ目の条件でソートするような処理はよく行うため、覚えておきましょう。

■ Python ミニ知識　ソートの安定性

　「2つ目の条件でソートしてから1つ目の条件でソートする」という方法が正しい理由は、Python のソートが安定であることが保証されているためです。安定性はレコードの中に同じキーがある場合、元々の順序が維持されるということを意味します。例えば、

```python
tuples = [('A', 2), ('B', 1), ('A', 1), ('B', 2)]
tuples.sort(key=itemgetter(0))
```

を実行すると、tuples の内容は [('A', 2), ('A', 1), ('B', 1), ('B', 2)] になります。

　アルゴリズム論の世界では、場合によって、安定性を保証する必要があります。もちろん、すべてのソートアルゴリズムは安定である訳ではありません。Python は Timsort アルゴリズムを利用します。興味があれば、是非検索してください。

問 3-13（No.46） 果物 ★★

数量の降順で果物の名前とその数量を表示するようにコードの空欄を埋めよ。

```python
from operator import itemgetter

fruits_quantity = {
  "イチゴ": 21,
  "ウメ": 51,
  "リンゴ": 14,
  "ナシ": 78,
  "バナナ": 2,
  "スイカ": 21
}

fruits_sorted =    ①   (fruits_quantity.   ②   ,
                   key=itemgetter(   ③   ),
                   reverse=   ④   )
for fruit, quantity in fruits_sorted:
    print(fruit + " → " + str(quantity))
```

出力結果

```
ナシ → 78
ウメ → 51
イチゴ → 21
スイカ → 21
リンゴ → 14
バナナ → 2
```

解答
3-13

① sorted

② items()

③ 1

④ True

　fruits_quantity.items() を呼び出すと、辞書の要素をタプルのリストの形で取得します。print(fruits_quantity.items()) の出力は、

dict_items([('イチゴ', 21), ('ウメ', 51), ('リンゴ', 14), ('ナシ', 78), ('バナナ', 2), ('スイカ', 21)])

になります。dict_items はコレクションなので、sorted を使用することが可能です。ここでは量で並べ替えたいので、タプルの 2 つ目（なのでインデックス 1）の要素でソートします。最後に、リストを降順で並べ替えるために reverse=True を使います。

■ プログラミングミニ知識　Key-Value ペア

　「名前と値のペア」や「フィールドと値のペア」なども呼ばれる「キーと値のペア」は、情報科学やその応用分野での基本的なデータ表現です。実装方法は異なるものの、ほとんどの言語はこの概念に対応するデータ構造を提供します。PHP では連想配列と呼ばれます。Python や .Net は Dictionary（辞書）を使います。Java や C++ では Map（マップ）があります。名前は違いますが、基本的に同じ概念の実装です。

　数学の写像という概念は英語で map と呼びますので、「マップ」は数学からの影響を感じます。関数型プログラミングのマップもありますので、混同しがちな言葉ですね。ちなみに、関数型プログラミングのマップは Chapter 2 で使いましたね。Python で使う map 関数のことです。

問 3-14 (No.47)　タグ　★★

　最初に定義した辞書は、タグ名がキー、タグ数が値となっている。しかしながらこの辞書のキーは、小文字だけのものと1文字目だけ大文字のものがあり、大文字と小文字の使い方が混在している。そこで、タグ名が全て小文字になっていて、タグ名とタグ数がペアとなる辞書を作りたい。コードの空欄を埋めよ。

```python
tags = {
    'interesting': 174,
    'fascinating': 42,
    'Boring': 87,
    'Fascinating': 65,
    'Interesting': 141,
    'Funny': 91
}


tags_frequency = {
    k.lower(): tags.get(k.    ①    ,    ③    ) +
               tags.get(k.    ②    ,    ③    )
    for k in tags.    ④
}
```

解答
3-14

① lower() または capitalize()

② capitalize() または lower()（①で選択しなかったメソッド）

③ 0

④ keys()

　変数 tags_frequency は、キーと値をペアにした記述が並んでいるわけではなく、キーが k.lower()、その右の式が値となる要素について、変数 k に順番に tags の辞書のキーを割り当てて辞書を構築します。よって、変数 tags_frequency は要素が 4 の辞書になります。変数 tags の辞書には 6 つのキーがありますが、全部を小文字にすれば、4 種類になることを確認してください。

　①と②は、キーとなるタグ名の最初の文字の大文字・小文字の区別を消すためにメソッドを使っています。つまり、キーの 1 つとして 'interesting' が得られた場合、'interesting' あるいは 'Interesting' のキーとして値を取り出します。ここで、get メソッドの第一引数の値が辞書のキーではない場合は、第二引数の値を返します。その時に、2 つのキーによる get メソッドは一方が tags の値になり、もう一方は存在しないので第二引数の値が出力されますが、③の通り 0 を指定することで、値として 0 が得られます。

　つまり、存在しないキーの値を 0 にしていることで、結果的に存在するキーの値だけが加算により得られることになります。第二引数を書かないと、'boring' を検索する瞬間に、「TypeError: unsupported operand type(s) for +: 'NoneType' and 'int'」のエラーが検出されます。tags.keys() を for in で取得することで、変数 k にキーが得られます。keys() の括弧を忘れないように注意しましょう。

問 3-15（No.48）　単純化されたゲーム　★★

大輔君は簡単なゲームを開発したいので、Character クラスのプロトタイプから始め、以下のコードを書いた。

```python
class Character:
  def __init__(self, name, hp, mp):
    self.name = name
    self.max_hp = hp
    self.hp = hp
    self.max_mp = mp
    self.mp = mp



class Attacker(Character):
  def __init__(self, name, hp, mp, strength=1):
    Character.__init__(self, name, hp, mp)
    self.strength = strength

  def attack(self, target):  # 通常攻撃
    target.hp -= self.strength



class Healer(Character):
  def __init__(self, name, hp, mp, power=1):
    Character.__init__(self, name, hp, mp)
    self.power = power

  def heal(self, target):  # 回復の呪文
    if self.mp > 2:
        target.hp += self.power
        self.mp -= 2
```

```
class HealerAttacker(Healer, Attacker):
  def __init__(self, name, hp, mp, strength=1, power=1):
    Attacker.__init__(self, name, hp, mp, strength)
    self.power = power
```

あるところに characters リストにあるキャラクタの内、攻撃できるキャラクタのリストを作成する必要になったため、大輔くんは下記のコードを書いた。コードの空欄を埋めよ。

```
can_attack = [character for character in characters if
          ①  (  ②  ,  ③  )]
```

（解答例は、2 ページ先にあります）

問 3-16 (No.49)　ゲームの改善 ★★★★

再度、問 3-15 に掲載したコードのゲームについての問題である。ゲームをテストした後に、大輔君は heal を使うとキャラクタの HP が無制限に増加する可能性があると気が付いた。考えると、HP と MP の値の変更に 3 つの条件をつける必要があるとわかった。

第一条件　hp は max_hp を超えないように

第二条件　mp が max_mp を超えないように

第三条件　hp と mp が負数にならないように

大輔君は前のプログラムに下記のコードを追加した。コードの空欄を埋めた後に、どこに追加すればいいか考えよ。

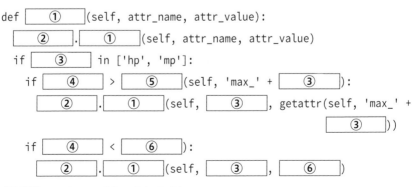

```
def  ①  (self, attr_name, attr_value):
   ②  .  ①  (self, attr_name, attr_value)
  if  ③  in ['hp', 'mp']:
    if  ④  >  ⑤  (self, 'max_' +  ③  ):
       ②  .  ①  (self,  ③  , getattr(self, 'max_' +
                                  ③  ))
    if  ④  <  ⑥  ):
       ②  .  ①  (self,  ③  ,  ⑥  )
```

（解答例は、2 ページ先にあります）

問 3-17 (No.50) 挨拶 ★★★

以下のプログラムで、出力される結果を予測せよ。「出力結果」と記述された行は、その直前のステートメントの出力結果を示しており、純粋にメソッドが出力する文字列だけを予測すればよい。

```python
class Greetings:
  def __init__(self, name):
    self.name = name

  def __getattr__(self, attr):
    allowed = ['hello', 'wake_up', 'good_morning', 'good_afternoon',
               'good_evening', 'nice_to_meet_you', 'good_night']

    def call(name=None):
      if attr in allowed:
        greeting = attr.replace('_', ' ')
        name = name or self.name

        print(f'{greeting.capitalize()}, {name}.')
      else:
        msg = f'name: {name}, greeting: {attr}'
        raise ValueError(f'Invalid name or greeting. {msg}')

    return call

greeting = Greetings('Link')
greeting.wake_up()
greeting.hello(name='Princess')
greeting.nice_to_meet_you(name='Mister Bond')
greeting.hi()
```

出力結果

① ② ③ ④

(解答例は、2ページ先にあります)

解答 3-15

① hasattr
② character
③ 'attack'

　攻撃できるキャラクタは attack メソッドのあるクラスのオブジェクトです。hasattr メソッドを使うとメソッドが定義されているかどうかがわかるので、そのオブジェクトを簡単に見つけることができます。

　hasattr メソッドの第一引数は対象にしたオブジェクトで、第二引数は対象にした属性です。

解答 3-16

① __setattr__
② object
③ attr_name
④ attr_value
⑤ getattr
⑥ 0

　属性の値が変わる（生成も含める）時に __setattr__ 特殊メソッドが呼び出されます。必ず setattr(対象オブジェクト , 変わる属性名 , 新値) で呼び出されますから、(self, attr_name, attr_value) の形式のシグネチャを使います。基本的には、既存の属性の値が変わる時または新たな属性を生成する時に、2 行目を使います。オブジェクトを作成する時に、属性はまだ存在していませんので、次の if 文で属性を使う前に 2 行目を書かないと AttributeError が検出されます。

　3 行目からは、getattr と setattr の使い方に注意して書きます。getattr は setattr の相方ですが、値を読むだけなので、引数が 2 つだけあります。追加したい条件を見ると、変わる属性の名前が hp か mp の時に、コントロールする必要があります。しかし max_hp と max_mp を使うと、hp の場合と mp の場合を分ける必要がありません。属性の名前は attr_name で、属性の新値は attr_value ですので、"max_" と attr_name を結合すると、max_hp か max_mp の値を取得することができます。なので、4 行目と 5 行目は 1 つの if 文で第一条件と第二条件を満たします。

　第三条件は 7 行目と 8 行目の簡単な if 文で満たされます。簡単に考えると、次の 2 つの if ブロックを 1 つに表現します。

```
if hp < 0:          if mp < 0:
    hp = 0              mp = 0
```

※ クラスの __setattr__ メソッドは object.__setattr__() を呼び出さないと属性の値を変更することはできません。self. 属性 = x を使用すると、self の __setattr__ メソッドを読んで、self. 属性 = x を使用して、また self の __setattr__ メソッドを読んで、「RecursionError: maximum recursion depth exceeded while calling a Python object」が検出されます！

解答 3-17

① Wake up, Link.

② Hello, Princess.

③ Nice to meet you, Mister Bond.

④ ValueError: Invalid name or greeting. name: None, greeting: hi

このように __getattr__ メソッドの中でメソッドを書くと、属性やメソッドがクラスの中で定義されてないのに、呼び出したメソッドの名前によるカスタムメソッドを実行することができます。

つまり、wake_up メソッドはクラスには記述されていませんが、このメソッドを呼び出すと、__getattr__ メソッドの中にある call が呼び出されて、実行できます。それぞれのメソッド名の文字列で call メソッドを追いかけて見てください。

なお、call メソッドは name パラメータを指定できますが、指定がない場合には Greetings クラスの name プロパティを利用します。

4

例外処理とエラー対応

　プログラムを作成すると様々な場面で**エラー**が発生します。まずは、それらのエラーが発生しないように対処するのが**デバッグ**の基本となります。この時、if 文などで、あらかじめ処理に利用するデータを確認して、リストのインデックスの範囲が超えているとか、0 で割るようなプログラムの部分を迂回して、エラーメッセージを表示するなどの予防的な手段を取るのが 1 つの方法です。しかし、この方法は基本的ではありますが、真面目にデータの確認をすると、プログラムの中は if 文だらけになり、本来行いたい処理よりも、エラーを回避するための処理に終始することになりプログラムの視認性は非常に悪くなります。そこで、エラーの発生があった場合に、**例外**（Exception）を発生して、プログラム内の別のところの処理に移行し、本来の処理を中断するような仕組みが利用できます。

4.1　例外は常に発生している

　例外は、Python の実行環境では既に稼働している仕組みといえます。以下のような 2 行のプログラムで、リストのインデックス 5 の要素というのは明らかに間違いです。

```
a = [1, 2, 3]
print(a[5])
```

　実行すると以下のようなメッセージが表示されます。ここで、もちろん、どこを
直すのかを考えるのですが、4 行目に見えている `IndexError` というのは、Python
の実行システムが発生させた例外のクラス名と、その説明文が表示されています。
なお、その前の 3 行は**トレースバック**と呼ばれており、エラーが発生したところま
でに呼び出された履歴を示しています。

```
Traceback (most recent call last):
  File "main.py", line 2, in <module>
    print(a[5])
IndexError: list index out of range
```

　ここでは簡単なプログラムですが、メソッドがメソッドを呼び出して、また別のメ
ソッドを呼び出すような場合には、呼び出されたメソッドがコールバックとして順番
に記述され、どのような状況でエラーが発生したのかを判断する手がかりになります。

4.2　例外の発生を受けて処理を行う

　前述のようなエラーメッセージは、プログラムを作る上では必要十分なのかもし
れませんが、実用的なプログラムでは、例えば、もう少しわかりやすいメッセージ
を表示したいかもしれません。あるいはエラーがあったら何らかのリカバリをプロ
グラムで記述したいこともあるでしょう。

　そこで、例外が発生したら、ある部分にプログラムが移動するという仕組みを組
み込むことができます。

　以下のサンプルプログラムをご覧ください。try からのブロックと、except から
の 2 つのブロックからなります。プログラムの実行がこの部分に移ると、try のブ
ロックを処理します。そして、この try の中で例外が発生すると except ブロック
に処理が移動します。ここでは、print(a[ix]) でエラーが発生するので、そこで、
except ブロックを処理して、この部分のプログラムを終えます。例外が発生した
箇所の次に print("go ahead") とありますが、この部分は実行されず、go ahead
と出力されることはありません。

　このように、例外が発生した箇所で try ブロックの処理は終わってしまいます。
また、except ブロックでは以前に定義した変数も使えます。

```
try:
    a = [1, 2, 3]
    ix = 5
    print(a[ix])
    print("go ahead")
except IndexError as iErr:
    print(f"インデックスとして与えた{ix}が不正です")
    print(f"Type={type(iErr)}, {iErr}")
```

出力結果

```
インデックスとして与えた5が不正です
Type=<class 'IndexError'>, list index out of range
```

　ここではインデックスのエラーがあるのがわかっていて、そのエラーは IndexError というクラスであることが、前述の出力結果からもわかります。ここで、「except 例外クラス as 変数 :」と記述することで、その except ブロックは、**例外クラス**で指定した種類のエラーに対して反応して、その時のエラー情報を含むオブジェクトへの参照が変数に代入されてブロック内を実行します。

　この例外クラスは非常に大量に定義されているので、ここではすべては記述しません（Python 標準ドキュメントの「組み込み例外」の章に記載があります）。これらのクラスは階層的に定義されています。基底クラスの **BaseException**、それを継承した **Exception** が定義されており、言語上のエラーなどは必ず Exception を継承しています。例えば、IndexError の継承関係は、BaseException ← Exception ← LookupError ← IndexError となっています。ここで、except の後には、この継承関係を辿った上位のクラス名のどれを記述しても、インデックスの範囲を超えた場合の例外は捕捉できます。つまり、前のプログラムは「except Exception as iErr:」と記述しても、一見すると同等な動きになります。しかしながら、Exception は 0 で割ったり、存在しないプロパティを指定したりと様々な例外クラスの**スーパークラス**になっており、どんなエラーでもそこで捕捉します。

　もっとも、とにかくエラーが出たら捕捉して何かメッセージを出して終わりにするなら Exception クラスで拾ってもいいのですが、あまり推奨されていません。エラーの種類に応じた処理を実装することが基本です。もちろん、プログラムが長くなると様々なエラーが想定されますが、異なる例外クラスに対する except ブロックを引き続いて記述することで、例外の種類ごとに異なる処理を記述できます。

Exception クラスは、前のプログラムのように、そのまま文字列として出力することで、「list index out of range」のようなエラー説明の文字列が得られます。また、type 関数を利用することで、クラス名を得ることができます。

4.3　try ブロックの様々な処理

try ブロックは何かエラーなどが発生すると、いきなりブロックが終わってしまいます。通信処理をしている場合、エラーがあっても最後にはクローズしたいかもしれません。その場合、finally ブロックを記述します。すると、例外が発生してもしなくても、finally ブロックは必ず実行するので、そこで後始末的な処理や終了を示すメッセージを出すなどの処理を組み立てることができます。

さらに、例外が発生しなかった時に、try ブロックを終了した後に実行する else ブロックも定義できます。else ブロックは、例外が発生すれば実行しません。例外が発生した時にそのクラスを捕捉する except ブロックがない場合でも、else ブロックは実行しません。とにかく、例外なく終わった時だけ else ブロックが実行されるので、正常終了の場合のみに何かをしたい場合に利用できる仕組みです。

これらをまとめて記述すると以下のようなプログラムになります。

```python
try:
    a = [1, 2, 3]
    ix = 9
    s.qqqq
    print(a[ix])
except Exception as iErr:
    print(f"Type={type(iErr)}, {iErr}")
except NameError as iErr:
    print(f"Type={type(iErr)}, {iErr}")
except Exception as iErr:
    print(f"Type={type(iErr)}, {iErr}")
else:
    print("no problem")
finally:
    print("over")
```

　except ブロックが複数あるものの内部の処理が同じなのであまり意味はありません
せんが、複数記述できるということを示します。特定の処理をしない例外について、
念のために Exception クラスとして受けることで、すべての例外を捕捉できること
とになります。except ブロックのない try と finally だけのプログラムを書いた
場合、try ブロック内で例外が発生するとそこでメッセージは出しますが、finally
ブロックを実行してその先にプログラムは進みます。

　もし、例外があっても全く何もしないのなら、except ブロックには記載するコード
ドが全くありません。その場合、as 以降は省略するとしても、空行を作ったりして
も文法上のエラーが出るでしょう。そういった「何もしないブロック」を作りたい
時は、pass と一言書いておけば OK です。**pass は何もしないステートメント**です。

4.4　例外を発生させる

　例外をうまく使えるようになると、エラー処理がとてもスマートに記述できるこ
とが体感できるようになるでしょう。そうなると、自分で作った関数やメソッドの
処理にも応用したくなります。よく、エラーの場合は False を返すというようなこ
とが行われますが、エラーの場合に例外を返すのは Java では昔から当たり前に実
装されていた仕組みです。

　こうした使い方を説明しましょう。まずはサンプルプログラムを見てくださ
い。割り算を行う divide 関数があり、割る数が 0 だと組み込みの例外クラスであ
る ZeroDivisionError クラスを生成して、raise によって例外を発生しています。
ZeroDivisionError クラスを生成する時の引数の文字列が、例外の捕捉時に、オ
ブジェクトから得られる文字列になっています。

　例外を発生すると値を返さないことになりますが、呼び出し元の print 文はどう
なるのかと思われるかもしれません。ここでは引数の divide 関数で例外が発生す
るので、その段階で except ブロックに移動し、返り値の引き渡しや print の処理
はもはや行われません。

```
def divide(a, b):
  if b == 0:
    raise ZeroDivisionError("0での除算はできません")
  return a / b


try:
  print(divide(10,3))
  print(divide(10,0))
except ZeroDivisionError as zErr:
  print(f"Type={type(zErr)}, {zErr}")
```

出力結果

```
3.3333333333333335
Type=<class 'ZeroDivisionError'>, 0での除算はできません
```

■ **Python ミニ知識　変更できない集合**

　Chapter 3では集合の説明をしましたが、文法的にはsetという型が定義され
ています。メソッドの適用が可能なので、型というよりもクラスと表現する方が
しっくりくるかもしれません。また、クラス名をそのまま記述したらコンストラク
タになるので、例えば、「set([2, 4, 6])」のように、リストなどイテレーション
可能なデータを引数にして集合 {2, 4, 6} を生成することもできます。

　setオブジェクトは内容をaddやremoveメソッドで変更できますが、生成する
と以後一切中身の変更ができないfrozensetというクラスも標準で用意されてい
ます。変更できない性質のことを「イミュータブル」と呼びます。こちらのクラス
を生成するにはコンストラクタを呼び出す必要があり、「frozenset([2, 4, 6])」
のように記述して返り値を変数に代入しておきます。

問 4-1（No.51）　例外オブジェクトの把握　　★

　以下のプログラムは4つのブロックに分かれており、それぞれの try ブロックの中で明白にエラーとなるプログラムになっている。そのため、例外が発生するが、その例外を的確に捕捉し、異なる種類の例外は捕捉しないように、空欄を埋めよ。つまり、回答欄に「Exception」と記述するのは誤解答とみなす。except ブロックの print 文の右側に見えているものは、実際に表示されるエラーメッセージの例であり、こちらをヒントにすること。クラス名は、Python 標準ドキュメントの「組み込み例外」のチャプターを参照にすること。

```python
try:
    a = 100.0
    print(a[100])
except      ①       as ex:
    print(ex)  # 'float' object is not subscriptable


try:
    a = [100.0]
    print(a[-2])
except      ②       as ex:
    print(ex)  # list index out of range


try:
    a = None
    print(a.propprop)
except      ③       as ex:
    print(ex)  # 'NoneType' object has no attribute 'propprop'


try:
    a = "Something Anything"
    print(a.len)
except      ④       as ex:
    print(ex)  # 'str' object has no attribute 'len'
```

① `TypeError`

② `IndexError`

③ `AttributeError`

④ `AttributeError`

それぞれ、解答のような例外オブジェクトが発生します。

　最初のプログラムは、リストでもないのにインデックスで何かを取り出そうとしています。小数点数の `float` 型はそうしたインデックスによる取得は組み込まれていないので、まさにその旨がエラーメッセージに記載されています。2つ目はリストに対して、インデックスとして指定できる範囲外の数値を指定したためのエラーです。まさにその通りのエラーメッセージが表示されています。

　③と④に関しては、いずれも利用しようとしているプロパティが定義されていないという旨のエラーです。最初のプログラムのように null に相当する None でも、文字列でも、あるいは int や float でも、ドットを記述してプロパティ名を記載した場合、そのプロパティがあるかどうかに応じて例外が発生します。「数値にはプロパティはありません」的な例外は発生しません。

■ Python ミニ知識　関数のデコレータとラムダ式

　Chapter 2 の問題前にある解説でデコレータやラムダ式について説明しました。また、これらを扱った問題がいくつか Chapter 2 であります。デコレータとして指定する関数は 1 つの引数を持ち、値を返すような関数です。こうした定義はラムダ式を使えば、通常の関数定義よりもシンプルに記述が可能です。以下のように、`lsmall_func` 関数が、ラムダ式を使った `lcalling` 関数でデコレートすることができます。

```python
def lcalling(fn):
  return lambda n: fn(f"${n}$")


@lcalling
def lsmall_func(v):
  return (v, v)


print(lsmall_func('33'))
```

出力結果　`('$33$', '$33$')`

問 4-2（No.52） リスト、辞書、集合でのエラー ★

下記の各コードはすべてエラーが検出されたため終了する。エラーのタイプとエラーメッセージを予測せよ。

A
```python
# このコードは、[   ①   ]のエラーが検出された
a = {"shirt": 7, "pants": 2, "socks": 8}
print(sum(a))
```

B
```python
# このコードは、[   ②   ]のエラーが検出された
a = set([x * x for x in range(0, 5)])
a.remove(7)
```

C
```python
# このコードは、[   ③   ]のエラーが検出された
example = [x for x in range(0,10)]
for i in range(0, len(example)):
  if example[i] % 2 == 0:
    example.remove(example[i])
```

D
```python
# このコードは、[   ④   ]のエラーが検出された
a = (1, 2, 3)
b = (0, 2, 5)
for i in range(0, len(a)):
  if a[i] == b[i]:
    b[i] = a[i]
```

解答 4-2

① TypeError: unsupported operand type(s) for +: 'int' and 'str'.

② KeyError: 7.

③ IndexError: list index out of range.

④ TypeError: 'tuple' object does not support item assignment.

　①については、a = {7: "shirt", 2: "pants", 8: "socks"} だったら、プログラムが「17」を表示して終了します。

　②については、リスト a の各要素の値は 0，1，4，9，16 ですが、その中に 7 は存在しませんので、エラーが検出されます。もし、a.remove(7) ではなく、同様に要素を削除するメソッドである discard を使用すれば、例外は発生せず、プログラムが通常に終了します。

　③については、変数 example から要素を削除すると、リストの要素数が変わることを考慮します。for 文による繰り返しの 6 回目において、変数 example は [1, 3, 5, 7, 9] であって、上記のエラーが検出されます。6 回目のイテレーションには、インデックスが 6 に対応する要素がないので、remove メソッドの引数に与えることが可能な数値の範囲を超えています。

　④については、ある条件でタプルの要素を変更しようとしています。しかしながら、タプルは不変 (immutable) なので、値を変えることは不可能です。

■ Python ミニ知識　イテレータについて

　Chapter 2 ではイテレーションという単語が出てきました。プログラミング言語の世界では、複数の要素を順番に取り出すことができるような動作を「イテレーション」と呼びます。つまり、リストや集合は、クラスは違うけれども複数の要素があって、順番に取り出せるという点では共通の性質であるといえます。そうした性質を「イテレータ」と呼び、言語の仕組みとして組み込まれています。for で要素を順番に取り出して処理できるなどの仕組みはイテレータがリストなどに組み込まれているからです。複雑なデータを扱うような場合、独自にイテレータの機能を組み込むと便利な場合もあります。そのためにはクラスに __next__ メソッドを組み込み次の要素を返し、さらに __iter__ メソッドを組み込んで __next__ メソッドを呼び出し可能なオブジェクトを返すように作ります。

問 4-3（No.53）　if 文でのエラー回避の代わりに例外を使う　★

　プログラムの前半は、変数 a の値を b の値で割った計算結果を表示するものだが、b の値から、1 を引いた数、2 を引いた数、...、9 を引いた数で割った場合の値を求めている。ただし、途中で 0 で割ってしまう可能性があるので、if 文で 0 で割る時を除いて print で計算結果を表示するようにしている。

　後半のプログラムは、例外の捕捉を行うことで、概ね同じ結果を得るようにすることを意図した。空欄を埋めてプログラムを完成させること。

　また、③以外の解答には、インデントのレベルを記載すること（前半の if 文は「1 レベル」、print は「2 レベル」とする）。なお、print と except ブロックの行は本来はインデントがかかっているが、ヒントになるので、意図的にインデントはなしとしたが、プログラムでは、これらの 2 行分のインデントも含めて検討すること。なお、例外が発生した場合は、前半と同様に何も行わないで良い。

```
a = 90
b = 2
for ix in range(10):
  if b != ix:
    print(a / (b - ix))
```

```
┌─────────┐
│    ①    │
├─────────┤
│    ②    │
└─────────┘
print(a / (b - ix))
except ┌─────────┐:
       │    ③    │
       └─────────┘
┌─────────┐
│    ④    │
└─────────┘
```

解答 4-3

① `for ix in range(10):`（インデントなし）
② `try:`（インデントは 1 レベル）
③ `ZeroDivisionError` または `ArithmeticError` または `Exception`
④ `pass`（インデントは 2 レベル）

　念のため、解答を埋め込んだコードを示しておきます。`try` の次の `print` の行は、2 レベルのインデントにします。

```
a = 90
b = 2
for ix in range(10):
  if b != ix:
    print(a / (b - ix))


for ix in range(10):
  try:
    print(a / (b - ix))
  except ZeroDivisionError:
    pass
```

　前半は `if` 文を使って 0 で割ることを回避しています。つまり、0 で割らない場合には計算を続けるので、2 で割る、1 で割るの次は、-1 で割る、-2 で割ると続き、最後は -7 で割るところまで行きます。

　後半のプログラムにも、ほぼ同じ動作をさせたいのであれば、最初に `try:` を記述して、`for` ループ全体を `try` ブロックに入れるのでなく、`for` の中で計算をする箇所だけ `try` ブロックに入れます。`try` ブロックの中に `for` があると、0 で割ろうとした時に `except` ブロックに移動し、その段階で `for` ループから抜け出してしまいます。その結果、-1、-2、...、-7 で割る処理が行われなくなります。

問 4-4（No.54） 発生したエラーからプログラムを推測 ★

　以下のようなプログラムを実行して、示したとおりの出力を得た。プログラムを完成させよ。

```
s = ［    ①    ］
k = 10
z = 0
try:
    print(s / k)
except ZeroDivisionError:
    print("0で割らないでね")
except TypeError:
    print("計算は文字列でなく、数値を与えてね")
    print("おそらく計算結果は{}".format(int(s) / int(k)))
except Exception as ex:
    print(f"Type={type(ex)}, {ex}")
```

出力結果

計算は文字列でなく、数値を与えてね
おそらく計算結果は9.8

問 4-5（No.55） 繰り返しの途中で例外が発生 ★

　次のようなプログラムを実行した時、出力結果のように出力が見られた。ここで、プログラムの空欄と、出力例の空欄を埋めよ。

```
try:
    a = [1, 2, 3, 4, 5]
    s = 0
    for ix in range(10):
        s += a[ix]
except ［    ①    ］ as ex:
    print(ex)
print(f"ix={ix}, s={s}")
```

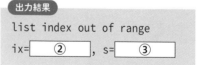

出力結果

list index out of range
ix=［ ② ］, s=［ ③ ］

解答 4-4

① "98" または、"+98" や "098"、"000098" などでも OK

　この問では、「計算は文字列でなく、数値を与えてね」と出力していることから、その文字列を出力している print 文のある except ブロックより、TypeError という例外クラスが捕捉されていることに注目します。つまり、try ブロックの中で、TypeError の例外が発生しています。

　Python 標準ドキュメントでは、TypeError は「組み込み演算または関数が適切でない型のオブジェクトに対して適用された際に送出されます。」と記載されています。問題ではわざと示していないのですが、TypeError の except ブロックで、as で適当な変数に例外オブジェクトを参照できるようにして文字列化すると「unsupported operand type(s) for /: 'str' and 'int'」と表示され、/ 演算子が文字列と int に適用されたことがわかります。つまり、変数 s は文字列なのです。

　しかしながら、except ブロックで、s と k を整数化することで、9.8 という結果が得られています。つまり、int(s) = 98 であることがわかります。ということは、整数化して 98 になる文字列であればいいので、順当なところでは "98" が正解です。

　ところで、それなら "98.0" でも正解だろうと思われるかもしれませんが、この文字列を変数 s に代入して進めると、TypeError の例外を処理しているところでさらに「ValueError: invalid literal for int() with base 10: '98.0'」という例外が発生します。つまり、文字列は float などの浮動小数点数を示していてエラーになります。

解答 4-5

① IndexError
② 5
③ 15

　try ブロックはリストの要素を合計するために繰り返しを行っていますが、range(10) のように、明らかにリスト a のインデックスの範囲を逸脱した数値を与えます。そのため、a[ix] の部分である時点で IndexError が出力されるのは明白です。ここで、0 からカウントアップすることになるので、ix の値が 5 の時に例外が発生して、try ブロックの外に出ます。これまでに、a[0] から a[4] つまり、1 から 5 の数値が変数 s に合計されているので、s の値は 15 です。最後の print により、それらの変数値が出力されます。

問 4-6（No.56）　リストと例外　★★

　次のようなプログラムを実行した時、どのように出力されるかを検討する。まず、最後の print による出力は、値を出力結果の②に記載する。出力結果の①は、その前に何が出力されるかを検討し、出力メッセージやあるいは例外であればそのクラスを推定すること。もし、何も出力されない場合には、（出力なし）とすればよい。

```python
try:
    a = [1, 2, 3, 4, 5]
    s = 0
    for ix in range(6):
        s += a[-ix]
except Exception as ex:
    print(ex)
print(f"ix={ix}, s={s}")
```

出力結果

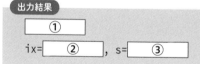

ix=　②　, s=　③

**解答
4-6**

① （出力なし）

② 5

③ 16

　まず、range の値がリストの要素数を超えているのだから IndexError と思うの
は早合点すぎます。このプログラムでは例外は発生しません。

　まず、全体的に見ると、変数 s にリストの要素の数値を加算していることが読み
取れます。繰り返しの部分では range(6) により、0〜5 までの整数が生成されます。
しかしながら、リスト a に対するインデックスはその負の数になります。つまり、
0，-1，-2，-3，-4，-5 というインデックスがリストに与えられます。リストの
インデックスに負の数を与えると、リストの最後から数えた位置にある要素を返し
ます。つまり、a[-1] は、リストの最後の要素の「5」です。そして、a[-5] は後か
ら 5 つ目のことになりこれは最初の要素の「1」です。

　そのため、5 つの要素のリストは、-5〜4 の間の整数であればインデックスと
してエラーなく与えることができるのです。ここで、a[0] も合算しているので、リスト a の要素を全部加えた 15 ではなく、最初の要素が 2 回加えられ、s は
15 + 1 = 16 が正しい答えになります。

正規表現

正規表現は、文字列の検索条件などに用いられ、「数字」や「ある範囲の文字」などといった記述が可能なので、特定の 1 文字に限った検索ではないような検索条件を、1 つの文字列で与えることができます。もちろん、数字なら、「0 以上、9 以下の文字」などと if 文で判定などはできますが、そうした状況をプログラムで記述するときっと長いものになることが一般的でしょう。しかしながら、正規表現ではそれを 1 つの文字列でシンプルに表現でき、プログラムを極めて短く記述できる場合がよくあります。また、検索だけでなく、置換も可能です。なお、正規表現は標準の **re モジュール**を利用できるのですが、さらに高機能な regex という外部モジュールもあります。いずれのモジュールも import が必要です。ここでは re モジュールについて説明をします。

5.1　パターンマッチングと特殊文字

　検索や置換対象の文字列と比較対照するための文字列は**パターン**と呼ばれ、パターンに**マッチ**、つまり対象の文字列とパターンを与えて対象の文字列からパターンに合致したものを見つけ出すことが、正規表現の 1 つの重要な動作になります。非常に単純な例では「abc」はパターンの 1 つです。「abcdefg」という文字列にはマッチしますが、「abefgh」や「vwxyz」という文字列にはマッチしません。このよ

うに、多くの文字は同じ文字とマッチします。

　しかしながら、正規表現の便利なところは**特殊文字**（**メタキャラクタ**）と呼ばれる、いくつかの文字などにマッチする文字が利用できることです。特殊文字は以下のようなものであり、この文字は、文字そのものとして扱われず、何らかの複雑なマッチ処理と関連していると考えてください。

```
.  ^  $  *  +  ?  {  }  [  ]  \  |  (  )
```

　ただ、「クエスチョンマーク（?）を検索したい」という場合もあるでしょう。その場合、特殊文字でもバックスラッシュとともに「 \? 」と記述することで、クエスチョンマークそのものとして記述できます。このように、「 \ 」による**エスケープシーケンス**も知っておく必要があります。また、タブを「 \t 」、改行を「 \r 」、ラインフィードを「 \n 」と記述できるのは、一般的な文字列表現と同様です。なお、文字列にエスケープシーケンスを記述すると実行時に解釈されて別の文字列に置き換わってしまいます。そこで、エスケープシーケンスの変換処理を行わないようにする方法があります。正規表現の文字列を「r" 正規表現 "」のように記述すると、エスケープ処理を行わなくなり、記述した文字列そのものが正規表現として利用されます。

5.2　文字クラス

　正規表現の代表的な利用方法は、複数の文字のどれかにマッチするという記述ができることです。このような記述を**文字クラス**と呼びます。例えば、「a，b，x，yのどれか 1 文字」という記述は、次のように**ブラケット**を使ってマッチする文字を書き並べます。書き並べる場合、順序はなんでも構いません。

```
[abxy]
```

　また、文字コードで並べ替えた結果を考慮して、範囲で指定することもできます。例えば、アルファベットの大文字全ての文字クラスは「 [A-Z] 」、大文字小文字どちらも含めた全ての文字の文字クラスは「 [A-Za-z] 」のように記述します。つまり、「 - 」の両側に範囲の最初と最後の文字を記述することで、その間の文字列を全部書き並べたのと同じ効果になります。範囲の記述を 2 つ以上重ねて記述しても構いません。

　なお、ブラケットの内部で最初の文字が「 ^ 」の場合は、その文字クラス内で記述された文字ではないものがマッチするパターンとなります。つまり、

[^a-z] はアルファベット小文字以外の文字にマッチします。さらに、ピリオド (.) は任意の 1 文字に対応します。また、行単位でマッチング処理をする場合、「 ^ 」は行頭、「 $ 」は行末を示します。つまり、「 ^ 」や「 $ 」は文字ではありません。正規表現が ^[0-9] だとすると、行の最初の文字が半角の数字である行がマッチします。なお、「 ^ 」や「 $ 」は、文字クラスを示すブラケットの内部では、「 \ 」による**エスケープ**は不要です。

　いくつかのクラスは、以下のように、「 \ 」で始まる**特殊シーケンス**で記述できます。こちらを使う方がさらに短く記述できます。なお、「同等な文字クラス」は ASCII フラグを設定した場合の等価なもので、既定値では **Unicode** に対応しており、原則として全角文字にもマッチします。

パターン	同等な文字クラス	意味
\d	[0-9]	半角ないしは全角の数字のいずれかにマッチする
\D	[^0-9]	半角ないしは全角の数字ではない文字のいずれかにマッチする
\s	[\t\n\r\f\v]	タブや改行、半角スペースなどとマッチ。全角スペースなどにマッチする
\S	[^\t\n\r\f\v]	タブや改行、半角スペースなどではない文字にマッチする
\w	[a-zA-Z0-9_]	大文字小文字のアルファベット、数字、アンダーラインにマッチする
\W	[^a-zA-Z0-9_]	大文字小文字のアルファベット、数字、アンダーラインではない文字にマッチする
\b		単語の直前あるいは直後にある空白文字 (\s を参照) にマッチする
\B		単語の直前あるいは直後ではない場所にある空白文字 (\s を参照) にマッチする

　ASCII コードはラテン文字を中心とした文字コードで、使用できる場合と使用できない場合を理解することが重要です。例えば、「 \d 」は「 ۶ 」(ペルシア語の 6) にマッチしますが、もちろん [0-9] はマッチしません。したがって、「[0-9] は数字にマッチします」という考え方は誤解の理由になる可能性があります。本章では \d と [0-9] は同じものだと想定しますが、正規表現の結果は**コンテキスト（文脈）**に強く依存しますので、原則として全く知らない未知の資料には正規表現を使わない方が安心です。

5.3　パターンの繰り返し

　パターンの繰り返しに使える文字列として、以下のものがあります。いずれも、直前のパターンが繰り返されている場合に、マッチがなされたとみなします。

　例えば、[0-9]+ だと、数字が 1 桁以上続いている部分にマッチします。検索対象が「area13」なら「13」にマッチします。「 * 」だと 0 回以上、つまりその前の文字のパターンが登場しなくてもマッチします。なお、空文字を除く任意の文字列すべてにマッチさせるのは、アプリケーションの検索機能だと「 * 」になりますが、正規表現では繰り返し対象のパターンが設定されておらず、何もマッチしません。任意の文字列にマッチするには、正規表現だと「 .+ 」あるいは「 .* 」などを利用します。

　なお、*+? は、なるべく長い文字列とマッチしようとします。このパターンの直後の文字を末尾から探すと考えてよく、このようなマッチ手法を**貪欲**（greedy）と呼びます。一方、なるべく短い文字で取得するのを**最小**（minimal）と呼ばれます。

パターン	マッチ回数
*	0 回以上（「*?」は最小マッチを行う）
+	1 回以上（「+?」は最小マッチを行う）
?	0 ないしは 1 回（「??」は最小マッチを行う）
{m,n}	m 回以上 n 回以下。省略すると、0 および無制限回を意味する（「{m,n}?」は最小マッチを行う）

5.4　パターンを並列して記述する

　ある場所で、2 通りのどちらかのパターンでよい場合、「 | 」で 2 つのパターンを区切って指定します。

5.5　正規表現をプログラムで利用する

　正規表現で検索を行う場合には、re モジュールの search 関数を使うのが一番よくある利用方法でしょう。

　使い方には 2 通りあり、正規表現の文字列を compile 関数でコンパイルして Pattern クラスのオブジェクトを得て、それに対して search メソッドを適用する方法があります。この時は、search メソッドは検索対象の文字列（"干し草の山から針を見つける"場合の「干し草」）だけを引数に指定します。一方、re モジュールの search 関数は 1 つ目の引数に正規表現、2 つ目の引数に検索対象を指定します。いずれも、Match クラスのオブジェクトが返ります。

　もちろん、コンパイルすることで、正規表現のオブジェクトを再利用できますが、どちらかといえば、引数を 2 つ指定する方が 1 行で済むのでよく利用される傾向にあります。

```
import re
st = "ad45tg78es27ta11"
# コンパイルして検索する
p = re.compile("d[0-9]")
m = p.search(st)
# いきなり検索する
m = re.search("d[0-9]", st)
```

　search 関数あるいはメソッドの返り値が None なら、マッチがなかったものと判断できます。オブジェクトが返ってきたら、そこから例えば m.span() を利用すると、マッチしている箇所を示す (1, 3) というタプルが得られます。また、m.group() とすれば、d4 という最初にマッチした文字列が得られます。

　なお、match は似たような関数ではありますが、検索対象の文字列の先頭で成功した場合のみ結果を返します。文字列の途中でマッチしても None を返します。

　search 関数あるいはメソッドは正規表現でマッチする箇所が複数あっても、最初にマッチしたものだけを返します。複数のマッチした箇所を得たい場合、findall 関数や、finditer 関数を使います。findall 関数はマッチした文字列のリストが得られます。finditer 関数はイテレート可能な Match オブジェクトを返すので、for で 1 つひとつ取り出します。以下の例ではその要素から span メソッドで文字の位置を得て、部分文字列を得ています。

```
print(re.findall("[0-9]{2,2}", st))
```

出力結果
```
['45', '78', '27', '11']
```

```
for s in re.finditer("[0-9]{2,2}", st):
    print (s.span(), s.group())
```

出力結果
```
(2, 4) 45／(6, 8) 78／(10, 12) 27／(14, 16) 11
```

　文字列を置き換える sub 関数もあります。3 つ目の引数の文字列に対して、1 つ目の引数の正規表現を適用し、マッチした箇所をすべて、2 つ目の引数の文字列に置き換えます。以下は例です。

```python
print(re.sub('[0-9]+', '=', st))
```

出力結果 ad=tg=es=ta=

　split 関数は、文字列をリストに分割します。分割の手掛かりになる文字を 1 つ目の正規表現で指定できます。マッチした部分で分割して、リストを返します。

```python
print(re.split("[0-9]{2,2}", st))
```

出力結果 ['ad', 'tg', 'es', 'ta', '']

5.6　グループを使った正規表現とその取り出し

　正規表現には、**グループ**という仕組みがあり、マッチした文字列の一部分を取り出すことができます。この動作を**キャプチャ**と呼びます。

　キャプチャするために、正規表現の文字列に（ ）を記述します。その後、同一の正規表現の中や、置き換えの文字列を定義する正規表現の中に「 \1 」などの記述をすることにより、キャプチャした文字列を取り出すことができます。

パターン	意味
(pattern)	パターンにマッチした文字列を記録する
\number	記録した文字列を表示する。number は 1 以上の数値で、マッチした順序で蓄積されている
(?:...)	カッコがあってもキャプチャしない
(?=...)	... が続く部分にマッチする場合にマッチする（先読みアサーション、lookahead assertion）
(?!...)	... が続く部分にマッチしない場合にマッチする（否定先読みアサーション、negative lookahead assertion）
(?<=...)	現在の位置の直前に ... とマッチする場合にマッチする（後読みアサーション、lookbehind assertion）
(?<!...)	現在の位置の直前に ... とマッチしない場合にマッチする（否定後読みアサーション、negative lookbehind assertion）

以下の例では、アルファベット 2 文字、数字 2 文字が連続していることを想定した正規表現の文字列が記載されていますが、数字の部分に（　）があり、全部で 3 組の（　）があります。ここで、変数 st の「ad」が最初の [a-z]+ にマッチし、続く「45」が [0-9]+ にマッチします。最初の（　）にマッチした st の 3 文字目から 4 文字目までを「グループ 1」と認識します。グループは 1 から始まります。この場合、3 つのグループを認識して、変数 st の最初から 12 文字目までが正規表現全体にマッチしている文字列となります。グループは正規表現の文字列内に記述されるので、その中の（　）が順番にグループ 1 以降となるわけですが、マッチすることでグループに対応する文字列が抽出できたということになります。

プログラムの 3 行目以下は search() の返り値に対して group メソッドで内容を取り出した例です。group の引数を省略するか 0 にすると、正規表現全体にマッチした文字列を返し、group(1) はグループ 1 にマッチした文字列が得られています。

```
st = "ad45tg78es27ta11"
m = re.search("[a-z]+([0-9]+)[a-z]+([0-9]+)[a-z]+([0-9]+)", st)
```

	出力結果
print(m.group())	ad45tg78es27
print(m.group(0))	ad45tg78es27
print(m.group(1))	45
print(m.group(2))	78
print(m.group(3))	27

5.7　フラグ

compile、search、match など、re モジュールの多くは、正規表現の動作を変更するための**フラグ**を指定できます。例えば、search 関数は 3 つ目の引数として指定できます。以下のキーワードを利用できますが、複数のキーワードを指定する時は、「 | 」演算子で結合して指定します。なお、Python 3 では Unicode が既定値となっていますので、Unicode の処理を無視したい場合は ASCII コードを利用します。

したがって、VERBOSE を使用しないと [a-z]+␣[0-9]+ と [a-z]+[0-9]+ は異なります。**正規表現のマッチングパターンのスペースは意味を持っていますので、本章では半角スペースを明示するために「␣」で示します。**

フラグ	動作
re.ASCII	\w、\W、\b、\B、\d、\D、\s、\S において、ASCII コードの文字だけに適用される
re.IGNORECASE	大文字小文字を無視する
re.LOCALE	\w、\W、\b、\B、LOWERCASE を現在のロケールに依存した動作にする
re.MULTILINE	行に分割しないで処理する
re.DOTALL	ドットを改行を含む全ての文字に適用させる
re.VERBOSE	余分な空白を無視する。ブロックを見やすくするために空白を含めることができる

問 5-1 (No.57) 日本の郵便番号 ★

下記の関数は引数が「3桁 - 4桁」の郵便番号であるかどうか確認するためのものである。コードの空欄を埋めよ。なお、この関数は「000-0000」など、割り振られていない郵便番号であっても True を返す。

```
import re


def jp_postal_code_validation(postal_code):
    return re.search(r"  ①  {  ②  }-  ①  {  ③  }",
                postal_code) is not None
```

問 5-2 (No.58) 整数を見つけろ ★

下記の関数は、引数 string で得られる文字列の中にある整数の合計を計算する。コードの空欄を埋めよ。

```
import re


def sum_numbers(string):
    sold = map(int, re.  ①  (r"  ②  +", string))
    return sum(sold)
```

解答 5-1

① \d または [0-9]

② 3

③ 4

　正規表現の文字列を穴埋めと解答だけで判別するのはちょっと見づらいので、プログラムの一部について、穴埋めをした結果を記述しておきます。

```
return re.search(r"\d{3}-\d{4}", postal_code) is not None
```

　郵便番号なら、数字だけを許します。あるパターンを何回期待するかは {} に書きます。例えば、\d{10} は 10 桁の数字にマッチします。\w{n} は正確に n 文字の言葉にマッチします。郵便番号の場合は、ハイフンの前に 3 桁、ハイフンの後ろに 4 桁が必要です。

解答 5-2

① findall

② \d または [0-9]

　0, 1, 2, ..., 9 の数字だけが 1 桁以上連続すれば、整数になりますね。「1 文字以上連続する」は「 + 」で表現します。findall は string 中の第一引数のパターンによる全てのマッチを、文字列のリストとして返します。ちなみに、map(int, x) は [int(i) for i in x] と同じですね。したがって引数に全角の数字があっても、マッチすると同時に int 関数で数値に正しく変換します。

　※実際のスクリプトでは、このような方法で数字を探すのは問題が発生する可能性があり、あまりやりません。本パターンは「1927 年」の 1927、「168cm」の 168、「15.23」の 15 と 23 などにマッチします。もちろん整数はうまく処理できますが、小数も正しく処理したい場合はさらに検討が必要です。つまり、実際に入手できたデータをきちんと分析して、正規表現を記述する必要があります。

問 5-3（No.59）　Kitty Kat ★

以下のプログラムで最後の print により出力される結果を予測せよ。出力はリスト形式であり、8 つの要素の文字列がそれぞれ何になるかを判断すること。

```python
import re


kit_pattern = "kit*"

input_strings = ["kit",
                 "kat",
                 "kitty",
                 "katty",
                 "kittkatty",
                 "toolkit",
                 "kiwi",
                 ""]

match = []
for m in map(lambda s: re.search(kit_pattern, s), input_strings):
  match.append(m.group(0)) if m is not None else match.append("None")
print(match)
```

出力結果

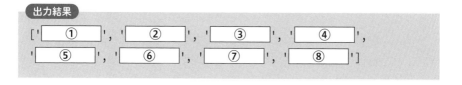

解答 5-3

① kit

② None

③ kitt

④ None

⑤ kitt

⑥ kit

⑦ ki

⑧ None

正規表現には「 ＊ 」が含まれていて、これは「0回以上、できるだけ多く繰り返したもの」にマッチします。

①については、「kit」までは同じで、検索対象の文字列はそこで終わっていますが、「 ＊ 」は0回の繰り返し、つまり空文字列にもマッチするので、正規表現とマッチした「kit」が出力されます。なお、パターンは kit や kit+ でもマッチします。

②④は検索対象文字列が「ka...」となっていて、kの次がiではなく、その段階でマッチしないことが確定します。

③⑤は、「 ＊ 」により、ki の後に t がいくつか続いた部分がマッチします。ここでもし、正規表現が行末を示す「 $ 」を使った kit＊$ であれば、t で文字列が終わっていないといけないので、いずれもマッチしません。

⑥については kit で始まった文字ではなく、t の前に文字がありますが、最後に kit があるのでマッチします。正規表現に行頭を示す「 ^ 」を使って ^kit＊ と記述したらマッチしません。

⑦については検索対象文字に t がありませんが、「 ＊ 」は0個でもマッチします。

⑧については、少なくともこのパターンでは、ki が文字列に含まれている必要があることは明白なので、空文字列にはマッチしません。もし仮に正規表現に (kit)＊ を使ったら、空文字列にマッチします。しかし、空文字列にマッチするパターンは結果的にどの文字列でもマッチしますから、このパターンは、kit があれば返して、なければ空文字列を返すという意味です。

問5-4（No.60） 16進トリプレット ★★

　HTMLでの**色の指定文字列**は、**Webカラー**と呼ばれる。Webカラーは**16進トリプレット**（hexadecimal triplet）で書く場合、先頭に「#」を前置し、続いて16進3桁あるいは6桁で表現する（Red Green Blue の各成分に0〜255の値を決めその値を16進数で記述）。16進は0, 1, 2, 3, 4, 5, 6, 7, 8, 9, A, B, C, D, E, F の数字を使う（10進の0から15まで。アルファベットは大文字と小文字のいずれもあり得る）。下記の関数は引数が正しい16進トリプレットであるかどうか確認するために作られた。例えば、以下のように判定する。

　正しい16進トリプレット………#fff #24ff30 #ABC
　正しくない16進トリプレット…#fof #1234 #SUV

このように動作するように、次のコードの空欄を埋めよ。

```
import re



def hexa_color_validation(hexa_color):
    hexa_pattern = r"^   ①   ([   ②   ]{   ③   }   ④   " \
                   r"[   ②   ]{   ⑤   })$"
    return re.search(hexa_pattern, hexa_color) is not None
```

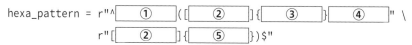

解答 5-4

① #

② a-fA-F0-9 (どの順番でも OK)

③⑤ ③は 3、⑤は 6、またはその逆

④ |

　正規表現の文字列を穴埋めと解答だけで判別するのはちょっと見づらいので、プログラムの一部について、穴埋めをした結果を記述しておきます。

```
hexa_pattern = r"^#([a-fA-F0-9]{3}|[a-fA-F0-9]{6})$"
```

　16 進トリプレットは「#」で始まります。「文字列の先頭にマッチする」特殊文字は「 ^ 」なので、^# を書きます。16 進で使える記号は数字と A から F (または a～f) の文字だけと決めたので、\w\d や [a-z] などはアルファベットの全ての文字にマッチしてしまいますから、ここでの答えとは違いますね。3 桁と 6 桁のパターンのいずれかにマッチしたいのですから、その 2 つの間に OR 演算「 | 」を使います。つまり、「 A | B 」は A と B のいずれかにマッチします。3 桁と 6 桁しかありませんから、{3, 6} などを使う正規表現は正しくないです。これだと、4 桁や 5 桁でもマッチしてしまいます。

■ Python ミニ知識　長い行の改行

　プログラムの各行が、ウィンドウの右側で改行してしまうと、非常にみづらくなります。コーディング基準の **PEP8** では 1 行は 79 文字以内にしましょうと記載されています。しかし、もっと長い文字列を記述しなければならない場合もよくあります。その場合、

```
st = "The long, long, long string which takes up multiple lines." \
     "The long, long, long string which takes up multiple lines."
```

のように **2 行以上に分割**して記述することができます。文字列の途中となる行は最後にバックスラッシュを付与します。

問 5-5 (No.61)　フランスの電話番号　★★

　フランスの電話番号は 0 で始まる 10 桁の番号である。ただし、00 で始まる電話番号がない。このような電話番号を検証する必要があるとするが、そこでは次のような一般的な複数の書き方を考慮する必要がある。

ドット区切り	08.36.65.65.65
スペース区切り	08 36 65 65 65
ハイフン区切り	08-36-65-65-65
区切りなし	0836656565

　全ての電話番号を区切りなしにフォーマットするために、大輔君は下記の関数を書いた。電話番号の正しさを確認した後に、区切りなしの形で返す。電話番号が正しくない場合は、例外を送出する。コードの空欄を埋めよ。ただし、「␣」は半角のスペースを意味する。

```python
import re


def validate_phone_number(phone_number):
    pattern = "^[ ① ][ ② ]" \
              "([ ③ ]?[0-9]{ ④ }){ ⑤ }"
    if re.match(pattern, phone_number):
        return re. ⑥ (' ③ ', '', phone_number)
    else:
        raise PhoneReformatError("Invalid phone number.")
```

解答 5-5

① 0

② 1-9

③ ␣.-　（文字の順番は違っていても OK）

④ 2

⑤ 4

⑥ sub

　正規表現の文字列を穴埋めと解答だけで判別するのはちょっと見づらいので、プログラムの一部について、穴埋めをした結果を記述しておきます。

```
pattern = "^0[1-9]([␣.-]?[0-9]{2}){4}"
```

　「 ^ 」の次の記号は先頭にある記号なので、0 です。先頭の 0 の次には 0 ではない 1 桁の数字があります。その次は 2 桁組を 4 回繰り返すと、10 桁の番号になります。しかし、([0-9]{2}){4} を書くと、区切りなしのパターンにしかマッチしません。

　区切りの記号は 3 文字がありますから、それらを文字クラスとするために、それぞれ [ ] の中に書きます。区切りの記号あっても、なくてもマッチするために「 ? 」を使います。「 ? 」は「0 回か 1 回」繰り返す特殊記号です。

　最後に、phone_number 中に出現する「 [␣.-] 」パターンを空文字列 '' で置換するために sub 関数を使います（sub = substitution）。

　※ 実は大輔君が上の問題文にない怪しいパターンを見逃しました。期待してないマッチするパターンはわかりますか。解答は付録をご覧ください。

■ **Python ミニ知識　日本の電話番号**

　フランスの電話番号を問題で出しましたが、アメリカでも電話番号の区切りは決められた桁数になっているので、入力した電話番号がその形式に合っているかの判断は、比較的簡単な正規表現で可能です。しかし、日本の電話番号はどうでしょうか？　末尾は 4 桁で統一されているものの、市外局番は 2～5 桁、市内局番は 4～1 桁と変化します。「0[\d]{1,4}\-[\d]{1,4}\-[\d]{4}」での検証は可能ですが、「03-12-3456」でも検証が通ってしまいます。市外局番が「03」なら、引き続く番号は 4 桁 -4 桁になるのはわかっているので、市外局番ごとに「 | 」で区切って記述する方法もなくはないですが、全国の番号となるとかなり大変ですし、おそらく非常に見辛く間違い探しや番号ルールの変更に対応するのが恐ろしく大変になりそうです。なるべく多くのルールを適用したチェックにはプログラムを組む方がよいでしょう。なお、日本の携帯電話は「0[789]0-\[\d]{4}\-[\d]{4}」で概ねいけそうですが、020 で始まる番号の動向が見逃せなくなりそうです。

問5-6（No.62）　倍増したワード　　★★

　英語の小説の校正の一部を自動化するために、倍増したワード（"the the", "of of"）を見つける関数を使う。"The the" のよくあるパターンもキャッチする。間違えた行を確認するために、ファイルの中身をリストに入れた後に、関数を呼び出す。例えば、下のようなリストを与えた時、右下のような出力結果が得られたとする。

```
["The the story was not an happy one one.",
 "It started on a cold evening of winter in",
 "in a small town named Kongrad."]
```

出力結果

```
('The', 'the') on line 1
('one', 'one') on line 1
in repeated on lines 2 and 3
```

　このように動作するように、コードの空欄を埋めよ。ただし、「␣」は半角のスペースを意味する。

```python
import re


def print_doubled_words(file_content):
    doubled = re.compile(r"\b    ①    ␣(    ②    \b)+", re.   ③   )

    for result in doubled.findall(file_content[0]):
        print(f"{result} on line {1}")

    for i in range(1, len(file_content)):
        for result in doubled.findall(file_content[i]):
            print(f"{result} on line {i + 1}")
        last_word = file_content[i - 1].split(' ')[-1]
        if last_word == file_content[i].split(' ')[0]:
            print(f"{last_word} repeated on lines {i} and {i + 1}")
```

解答 5-6

① （\w+）

② \1

③ I または IGNORECASE

　ワードを検索しますから、\w+ を使います。その後、最初にマッチした表現をグループ参照ができるように、括弧が必要です。

　正規表現の一部を括弧で囲むと、その後、グループを参照することは可能になります。例えば、"(A)(B)(C)" の正規表現はマッチしたら、\1 は A がマッチした文字列になります。同様に、\2 は B のマッチで、\3 は C のマッチです。

　IGNORECASE は小文字・大文字を区別しないマッチングのために使います。

※ 簡単に言うと、\b は単語の境界にマッチします。より詳しく言うと、\w と \W との、あるいは \w と入力文字列の先頭・末尾との境界です。\W は単語文字ではない文字にマッチします。

■ Python ミニ知識　日本語を正規表現で扱う

　正規表現はそこそこ複雑な検索や置換ができるので、初めて勉強した方は万能感を持ってしまうかもしれません。しかしながら、現実の世界に適用する時には思ったようには行きません。例えば、日本語の文章の用語統一に使えるかと思われるかもしれません。「サーバー」と「サーバ」のように、er で終わる単語の最後に長音を付けるかどうかを統一したい場合を考えてください。長音をつけない場合は正規表現を使わなくても「サーバー」を「サーバ」に置換できます。一方、つける場合に「サーバ」を「サーバー」にすると、元々「サーバー」だった箇所が「サーバーー」になってしまいます。そこで、「サーバ ([^ー])」といった正規表現を適用し、「サーバー\1」に置き換えればなんとかなります。あらゆるカタカナ語についてうまく行くような正規表現は諦め、用語ごとに正規表現と置き換え文字列を与える方が確実です。しかし、このままでは「サーバント」が「サーバーント」になりますね。それを解決してもまた別の問題が出てきそうです。完全な置き換えは無理なので、どこかで妥協しなければなりません。

問 5-7（No.63）　HTML を書き直す　★★

　大輔君は HTML のコードをクリーンにし、改善する仕事をもらった。コードの再フォーマットから始めることにした。内容を参照すると、class 属性が title-section の <p> タグはタイトルとして使われているので、該当する <p> タグを全部 <h1> に変換する。他の属性があっても、全部消す。例えば次のようなタグがあったとする。

```
<p class="title title-section">My beautiful HTML code</p>
```

　このタグを、以下のように置き換える。

```
<h1>My beautiful HTML code</h1>
```

　このように動作するように、コードの空欄を埋めよ。

```
import re


def clean_titles(html_input):
    title_pattern = r'<p .*class=".*   ①   .*"[^>]*>   ②   </p>'
    return re.sub(title_pattern, "<h1>   ③   </h1>", html_input)
```

解答 5-7

① `title-section`

② `(.*)`

③ `\\1`

①については、まず、`<p>` タグの class に `title-section` がある場合のみマッチする必要があります。

最初の「 `.*` 」は、class 属性以外の属性が前にある場合などにマッチします。その後に class 属性にマッチする部分があり、class 属性の値としていくつかの文字列がある場合でもマッチします。すなわち、class 属性の中にある「 `.*` 」は、`title-section` 以外のクラス名を記述している場合でもマッチするようにするためのものです。「 `[^>]*` 」は、タグを閉じる文字 `>` ではない文字列が 0 文字以上続くということで、class 属性以外の属性を全て無視するためのものです。

`<p>` と `</p>` の間にある文字列をキャッチする必要がありますから、②のように括弧で囲みます。

そして、sub 関数を利用し正規表現でマッチした部分の置き換えを行いますが、h1 タグの内部は、( ) でマッチしたグループの値を展開したいので、`\1`(1 つ目のグループ) と書きたいところです。しかしながら、この正規表現では raw string の r で始まっていませんから、ダブルバックスラッシュが必要です。つまり、③に単に `\1` と記述すればエスケープシーケンスの `\1` と判断され、結果的に単に数字の 1 が入るだけになります。`\\` とすることで、`\` が記述され、続いて 1 が来て `\1` という文字列が生成されます。

※ 本問題では正規表現を使いましたが、原則としては HTML を解析する時には **HTML パーサ**を使いましょう。

問 5-8 (No.64)　パスワード検証　★★★

　下記の関数はパスワードの検証を行うために作られた。パスワードは12文字以上で、小文字・大文字・数字がそれぞれ1文字以上含まれた文字列でなければ、検証は失敗する。コードの空欄を埋めよ。

```
import re



def password_validation(password):
    pattern = r"^(    ①    [^a-z]*[    ②    ])" \
              r"(    ①    [^A-Z]*[    ③    ])" \
              r"(    ①    \D*    ④    )" \
              r".{    ⑤    }$"
    password_regex = re.compile(pattern)

    return password_regex.match(password) is not None
```

■ Python ミニ知識　複数行を続けて記述する場合

　( ) などの括弧類の内部では、閉じ括弧があるまで同一行とみなせるので、行末のバックスラッシュは不要です。

```
n = len("The long, long, long string which takes up multiple lines."
        "The long, long, long string which takes up multiple lines.")
```

　正規表現では長い文字列になってしまうので、この記述を知っておくとプログラムをより見やすく記述できるでしょう。文字列のエスケープ処理をしないことを示す最初の「r」については、問題文のように、各行の頭に付ける必要があります。

解答 5-8

① ?=
② a-z
③ A-Z
④ \d
⑤ 12,（カンマを忘れずに）

　正規表現の文字列を穴埋めと解答だけで判別するのはちょっと見づらいので、プログラムの一部について、穴埋めをした結果を記述しておきます（ ␣ は半角のスペース）。文字列が長くなる場合、問題のように、行末に \ を記述して次の行にも続いて文字列を記載すれば、実行時には各行の文字列が結合します。

```
pattern = r"^(?=[^a-z]*[a-z])(?=[^A-Z]*[A-Z])(?=\D*\d).{12,}$"
```

　?= という書き方は**先読みアサーション**と呼ばれます。次に続くものにマッチすれば、パターンはマッチします。例えば Hello ␣ (?=World) は「Hello ␣ 」の後に「World」が続く場合のみ、マッチします。

　変数 pattern に記述された正規表現でのマッチングの中心になるのは⑤の .{12,} の部分で、これは「12 文字以上の文字列」を意味します。しかしながら、このマッチングは前に書いてある先読みアサーションの部分以降でマッチされる必要があります。表現全体を見ると、

　「必要なアサーション（①）」「小文字がある（②）」「大文字がある（③）」「数字がある（④）」

　といった並びを全部満たすと、マッチします。

■ Python ミニ知識　Contrast is beautiful

　可能な場合は、数字を示す \d と数字以外を示す \D のような相互に排他的な特殊シーケンスを使用しましょう。正反対（コントラスト）のシーケンスをうまく併用すれば、美しく正確なパターンを記述できます。例えば、末尾に正確に3 桁の数字が含まれる文字列を検証する場合は、^.+\d{3}$ を正規表現とすると、Version20200301 という文字列にマッチして、意図しない結果となります。その代わりに、^\D+\d{3}$ のように否定クラスを使うと、簡単に書けます。

問 5-9 （No.65）　値段を見つける　★★★

　この問題は問 5-2 の延長である。以下の関数は、引数 string という文字列の中にある円単位での金額表記部分を探して合計する関数である。パターンマッチングについて、以下のようなルールで動作するものとする。ただし、「␣」は半角のスペースを意味する。

　正しいマッチ：230948 円、1985.65 円、−4566.56 円、−10000 円

　正しくないマッチ：.34 円、1234. 円、2020.1847.34 円（この場合は、1847.34 円にマッチする）

　コードの空欄を埋めよ。

```
import re
```

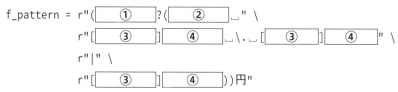

```
def check_balance(string):
    f_pattern = r"(    ①    ?(    ②    ␣" \
                r"[    ③    ]    ④    ␣\.␣[    ③    ]    ④    " \
                r"|" \
                r"[    ③    ]    ④    ))円"
    float_regex = re.compile(f_pattern, re.VERBOSE)
    balance = [float(s) for s in float_regex.findall(string)]
    return round(sum(balance), 2)
```

① -

② ?:

③ 0-9

④ +

　正規表現の文字列を穴埋めと解答だけで判別するのはちょっと見づらいので、プログラムの一部について、穴埋めをした結果を記述しておきます（「␣」は半角のスペース）。ここでは compile 関数に 2 つ目の引数があり、VERBOSE オプションが指定されています。これを使用すると、パターン中の空白は無視されますので、パターンを読みやすく書くことができます。

```
float_pattern = r"(-?(?:␣[0-9]+␣\.␣[0-9]+|[0-9]+))円"
```

　負数も含めてマッチするように、①のように最初に -? を書きます。? は直前のパターンが 0 ないしは 1 文字のものとマッチするので、負の符号がある場合、ない場合にいずれもマッチします。

　②のように ?: を使うと、括弧で囲まれた表現にマッチしてもキャプチャされません。この部分は non-captured group と呼ばれます。?: を使用しないと float_pattern のマッチング結果に 2 つの文字列が入ってしまいます。例えば -10000 の場合は、('-10000', '10000') を返します。注目しているパターンは数字だけですが、.34 と 1234. のようなパターンをマッチしないように、ドット前後に 1 桁以上が必要です。

　「 . 」はあらゆる文字にマッチしますから、ドットという記号をマッチしたい場合は \ でエスケープする必要があります。

問 5-10（No.66） Markdown のリンク ★★★

Markdown のリンクは下記のように記述される。

[表示されるテキスト。[リンク]の情報](http://www.myurl.com "私の"任意"
タイトル")

このようなリンクのための文字列から、テキスト、URL、タイトルをリストとして取り出す関数を定義した。コードの空欄を埋めよ。ただし、「␣」は半角のスペースを意味する。引数が正しくない Markdown リンクの場合は、例外を送出する。この例外クラスはすでに定義されているものとする。

リンクのテキスト、URL、タイトル（ある場合だけ）は、以下のようなルールで取り出すものとする。

テキスト	[] 内にある言葉。
URL	() 内にある URL。正しい URL にマッチする正規表現は考慮する必要はなく、括弧から最初のスペースまでの文字列は URL だという定義で正規表現を書くとする。
タイトル	URL の後に、"" で囲まれる文字列。

```python
import re


def parse_markdown_link(link):
    link_pattern = r'\[(    ①    <    ②    >    ③    )\]' \
        r'\((    ①    <    ④    >[^␣]+)' \
        r'(␣    ⑤    (    ①    <title>    ③    )    ⑤    )?\)'
    m = re.match(link_pattern, link)
    if m is not None:
        return [m.group('text'), m.group('url'), m.group('title')]
    else:
        raise MarkdownParseError("Invalid markdown link.")
```

① ?P
② text
③ .+
④ url
⑤ "

　正規表現の文字列を穴埋めと解答だけで判別するのはちょっと見づらいので、プログラムの一部、変数 link_pattern の右辺について、穴埋めをした正規表現で記述しておきます。

```
r'\[(?P<text>.+)\]\((?P<url>[^ ]+)( "(?P<title>.+)")?\)'
```

　①については、マッチしたグループを名前で参照できるようにするための記述です。(?P<name>...) を使うと、グループがマッチした部分文字列はグループ名 name で参照できます。もちろん、m.group(i) で引数に数値を指定してグループにアクセスできますが、?: を使って non-captured group などを使う時に、グループの index はわかりにくい場合があります。名前付きグループ (named group) を使うと、正規表現もその後の参照もわかりやすくなります。

　正規表現の全体的な方針としては、角括弧と丸括弧の文字をキャッチする必要があります。これらの文字は文字としてそのまま使用するので、エスケープします。テキストは角括弧の間にある全ての記号なので、.+ を使います。.* を使うと、無効なリンクにマッチする可能性があります。同様に、タイトルを見つけますが、任意な文字列なので存在しない場合もありますから、マッチしたグループに ? を付けます。

※ re.match(r"\[(?P<text>.+)\]", link) を実行するとテキストが

表示されるテキスト。[リンク

にならない理由はわかりますか。逆に、このようなマッチをしたい時はどうすればいいかわかりますか。ヒント：貪欲にならないでください。
解答は、付録をご覧ください。

問 5-11（No.67）　Wikipedia のページのパージング　★★

　大輔君は Wikipedia のページに 19 世紀と 20 世紀の年は何回現れるかの解析を行う。下記のコードはこの解析の結果を表示するためのプログラムである。表示のフォーマットは年と回数を並べて、"1945 年 77" のようにし、回数の多い順にリストを表示する。コードの空欄を埋めよ。

```python
import re
import urllib.request

# wikiページ内容をダウンロードする
right_part = urllib.parse.quote("第二次世界大戦")  # 文字化けを避ける
url = "https://ja.wikipedia.org/wiki/" + right_part
html = urllib.request.urlopen(url).read()
html = html.decode('utf-8')  # decodeしないと日本語を読めない

year_pattern = r"(  ①    ②  )  ③  {  ④  }年"
matches = re.findall(year_pattern, html)

year_counts = dict((year, matches.  ⑤  (year))
                for year in   ⑥  (matches))

for year in sorted(  ⑦  , key=  ⑦  .get, reverse=True):
    print(year, year_counts[year])
```

解答
5-11

① ?:

② 19|20 または 20|19

③ \d または [0-9]

④ 2

⑤ count

⑥ set

⑦ year_counts

まずは year_pattern を書きましょう。

```
year_pattern = r"(?:19|20)\d{2}年"
```

19 世紀と 20 世紀両方の年に興味があります。1 つの書き方は (19|20)\d{2}
年。しかし、この書き方だと (19|20) のグループが次の findall を邪魔します。?:
で non-captured group にすると、うまく進めます。

正規表現が決まったら、後は辞書に入れて、ソートして、表示するだけですね。
辞書のキーは year、値は year にマッチした回数です。matches の中には全ての
マッチがありますので、そのまま辞書を作ると、年の重複が現れますので、year は
set(matches) から取ります。

※ この文書を書いた時に、このコードの TOP 3 は下記のとおりでした。

1941年82

1945年77

1940年70

問 5-12（No.68）　犬を探せ ★★★★

　ある文章の中で「犬」の漢字が何回現れるか調べたかったら、下記のように単純なパターンを使うことができる。

```
inu_pattern = "犬"
```

　ここで、全ての「犬」を数えるのではなくて、「愛犬」、「番犬」のような特定の文字が「犬」の前にある場合は数えないとする。1 つの方法は、変数 inu_pattern で数えた結果から、以下の変数 except_inu_pattern で数えた結果を引くことが考えられる。

```
except_inu_pattern = "[愛番]犬"
```

　このような特定の文字列を含めないで数えることを、1 つの正規表現で行いたい。下のコードは「犬」が何回現れるか数えるとする。ただし「狂犬」、「猛犬」、「野良犬」の「犬」を数えない。なお、引数 text は「狂犬」、「猛犬」か「野良犬」で始まらないとする。正規表現の空欄を埋めよ。

```
import re



def count_dogs(text):
    inu_pattern = r"(  ①  |  ②  |  ③  |  ④  )犬"
    return len(re.findall(inu_pattern, text))
```

解答 5-12

① ?<!
② . 狂
③ . 猛
④ 野良

　プログラムの一部について、穴埋めをした正規表現で記述しておきます。

```
inu_pattern = r"(?<!. 狂 |. 猛 | 野良 ) 犬 "
```

　?<! を使う表現は negative lookbehind assertion（**否定後読みアサーション**）と呼ばれます。文字通り先読みアサーションの逆なので、現在位置の前に検索します。名称が negative で始まっているので、現在位置の前に、部分文字列にマッチしなければ、正規表現がマッチします。つまり、「犬」にマッチする時に、「犬」の前に「狂」、「猛」、「野良」にマッチしない場合は、inu_pattern のマッチになります。しかし、「(?<! 狂 | 猛 | 野良) 犬」を書くと、正規表現エンジンの制限にぶつかって、

```
re.error: look-behind requires fixed-width pattern
```

のエラーが検出されます。lookbehind assertion で OR を書くと、同じ長さのパターンしか使えません（そのため、+, * などは使用不可ですね）。「 . 」を追加すると、同じ長さのパターンになります。

■ Python ミニ知識　否定後読みアサーション

　否定後読みアサーションで始まるパターンは検索される文字列の先頭でマッチできますので、気をつけましょう。例えば、今回のパターンは「猛犬に噛まれた」の「猛犬」にマッチします。

入力と出力

－ファイル、システム－

ファイルの入出力はよく行われる処理です。ファイルにデータを保存すれば、電源を消してもディスクの中などに残っているので、ファイルに保存したり、あるいはファイルからデータを取り出したりすることはもはや当たり前の機能になっています。そうした仕組みを Python で作成したプログラムに組み込むことをこの章ではテーマとします。

6.1　ファイルを開く open 関数

ファイルの処理は、**開く**、**読み書き**、**閉じる**ということを行うのが基本です。ファイルを開くには、**open 関数**を使いますが、引数にはファイルへのパスを 1 つ目に、2 つ目にはファイル処理の動作を決める**モード**を文字列及びその結合で指定します。モードを省略すると、ファイルを読み込む処理だけができるように開きます。返り値はファイル処理のためのクラスのオブジェクトが得られますが、その返り値に **close メソッド**を適用することで、ファイルを閉じることができます。しかしながら、with ブロックを利用して、open 関数を呼び出せば、with ブロックを終了する時に自動的にクローズします。以下の例では、open 関数の返り値は変数 f に代入されます。

```
with open(file_path, open_mode) as f:
    pass
```

　open 関数は、以下のように、定義されており、かなりたくさんの引数がありますが、最初のファイルへのパス以外は省略できます。mode については問題にあるので、ここでは記載しないでおきましょう。buffering については、0 以下ならバッファリングを行わない、1 なら行単位、2 以上ならそのバイト数のバッファを用意します。encoding はファイルのエンコーディングで、'utf_8' 'utf_16' 'utf_32' 'shift_jis' 'cp932' 'euc_jp' などの文字列を指定します。errors はエンコーディングのエラーの扱いで、'strict' ならエラーがあれば例外を発生、'ignore' はエラーを無視します。newline は改行に利用する文字列を指定しますが、None の場合はユニバーサル改行モードとなり、プラットフォーム標準の改行コードを利用します。closefd と opener はパスではなくファイル記述子が与えられる場合に動作を定義できます。

```
open(file, mode='r', buffering=-1, encoding=None, errors=None,
        newline=None, closefd=True, opener=None)
```

6.2　ファイルの読み書き

　open 関数で得られたオブジェクトに、read メソッドを適用すると、ファイル全体を文字列で返します。readlines メソッドはファイル全体を読み込み、行ごとに要素に分けたリストで返します。改行コードも含まれます。readline メソッドは改行を含んだ 1 行ずつを読み込みますが、ファイルの末尾を検出するには readline メソッドの返り値が '' かどうかで判定します。なお、改行コードを取り除きたい場合は、文字列に利用できる strip メソッドを利用するのが便利です。このメソッドで文字の最初あるいは最後にある改行や空白を取り除きます。先頭だけ取り除くには lstrip、末尾だけ取り除くには rstrip のそれぞれのメソッドが利用できます。

　書き込みは、write(s) メソッドを利用します。これにより変数 s の文字列をファイルに書き込みます。writelines(lst) メソッドは、引数のリスト lst の要素を順次書き込みます。その場合は改行コードの挿入は行いませんし、要素は string である必要があります。既存の書き込み内容をそのままにして途中から書き込む場合には、seek(n) メソッドにより書き込み場所の移動をしてから write メソッドを

利用します。seek メソッドの引数は「文字」単位になります。

　なお、これらのメソッドは、**テキスト**だけでなく、**バイナリ**ファイルでも利用できます。

6.3　ファイル情報の取得

　ファイル情報を取得するには、os モジュールの stat 関数を使うのが便利です。以下のように利用できますが、引数 path にはファイルへのパスか、open 関数で得られた結果を指定します。1 つのファイルの情報を得たい場合には、パスなどの引数を 1 つ指定するだけで OK です。なお、返り値は、os.stat_result クラスのオブジェクトになります。

```
os.stat(path, *, dir_fd=None, follow_symlinks=True)
```

　返り値の stat_result オブジェクトはかなり多数のプロパティがありますので、詳細は Python 標準ドキュメントを参照してください。よく利用されるのは、ファイルサイズの st_size、ファイル所有者の st_uid、ファイルグループの st_gid、アクセス権などの設定の st_mode、変更時刻を秒で示した st_mtime、最新のアクセス時刻を秒で示した st_atime あたりです。

6.4　ディレクトリ情報の取得

　ファイルを開いたり、ファイル情報を取得したりするなどの機能は、pathlib モジュールの Path クラスでも実現できます。引数に文字列でパスを指定すると、そのファイルやディレクトリの処理が可能になります。例えば、open メソッドや stat メソッドがあり、ここまでに説明した open 関数や stat 関数と同等な機能を提供します。また、カレントディレクトリを返す cwd メソッドや、ホームディレクトリを返す home もあります。

　ディレクトリを引数に指定して Path クラスのオブジェクトを作成した場合、iterdir メソッドを利用すれば、そのディレクトリにある項目の 1 つひとつが Path クラスのオブジェクトのジェネレータ（generator、for で各オブジェクトを順番に返すイテレート可能な性質を持つ）を返します。Path クラスは絶対パスが指定されて生成されています。なお、Path クラスはプラットフォームに依存した具象クラスの PosixPath、あるいは WindowPath のどちらかのクラスで生成されます。いずれも Path クラスの機能の多くは持っているので、一般には Path クラスをコード上で利用しますが、プラットフォームに依存する機能などは具象クラスを利用す

ることも検討する必要があります。

6.5　コマンドラインツールの作成

　よく利用するプログラムは、コマンドラインとして利用できれば利便性はさらに上がります。とはいえ、コマンドラインとして利用するのは簡単で、ターミナルなどで、「python ファイル名」と入力すれば、それで稼働します。ファイル名は、.py が拡張子のファイルです。

　ここで、コマンドラインに慣れている方は、単にスクリプト名だけでなく、コマンドの引数やパラメータを設定し、それをプログラム中で利用したいと考えるでしょう。その時に利用できるのが argparse モジュールの ArgumentParser クラスです。引数の文字列解析が自動的にできることに加えて、省略時の既定値や、省略時のエラー出力、-h パラメータによって Usage が自動的に生成される点でも便利なクラスです。このクラスのコンストラクタは多数の引数がありますが、description というキーワードで文字列を指定すると、ヘルプ表示の前にその文字列が表示されるので便利です。コンストラクタの引数についての完全な解説は Python 標準ドキュメントを参照してください。

```
class argparse.ArgumentParser(prog=None, usage=None,
    description=None, epilog=None, parents=[],
    formatter_class=argparse.HelpFormatter,
    prefix_chars='-', fromfile_prefix_chars=None,
    argument_default=None, conflict_handler='error',
    add_help=True, allow_abbrev=True)
```

　ArgumentParser クラスのオブジェクトを生成後は、そのオブジェクトに対して add_argument メソッドを適用して、受け入れる引数やパラメータの設定を行います。こちらも多数の引数がありますが、最初に「-n」や「--noway」などのパラメータ名を文字列で列挙し、それ以外の引数は「キーワード =」の形式で指定します。例えば、help= を記述することで、ヘルプ上ではそのキーワードの意味が自動的に付与されます。キーワードなしの単なる引数は、add_argument メソッドの最初の引数に、その名前として文字列を指定します。この名前は取り出し時に辞書のキーとして利用します。

```
ArgumentParser.add_argument(name or flags...[, action][, nargs]
    [, const][, default][, type][, choices][, required]
    [, help][, metavar][, dest])
```

その後に、ArgumentParser クラスのオブジェクトに対して parse_args メソッドを適用することで、起動時のパラメータなどを取得できます。返り値は Namespace クラスのオブジェクトですが、引数の名前やパラメータ名をキーとして、辞書のように値を取り出すことができます。

6.6　システム情報の取得とプログラムの終了

sys モジュールには大量の変数が定義されていて、実行している OS の情報や、稼働している Python のインタープリタの情報などが得られます。完全なリストはここでは示しませんが、代表的なものをいくつか紹介しましょう。

稼働している OS を知るには、sys.platform を利用します。返り値は、'linux'、'win32'、'cygwin'、'darwin' などの文字列です。なお、稼働 OS についての情報は、os モジュールの os.name や os.uname() も利用できます。

稼働している Python インタープリタのバージョンは、sys.version、sys.version_info、sys.hexversion といった引数から得られます。バージョン番号などを利用者に提示する場合は、sys.version_info がよいでしょう。これをそのまま print すると、「sys.version_info(major=3, minor=7, micro=4, releaselevel='final', serial=0)」と表示されますが、sys.version_info.major の値は 3 となるので、必要なプロパティを得て自由に表示内容を組み立てることができます。

「あるバージョンより後」のような条件を記述するときには、sys.hexversion が便利です。Python 3.7 が稼働している状況では、「print("{:08x}".format(sys.hexversion))」により、「030704f0」という文字列が得られます。変数名は hexversion ですが、「16 進数の記述で示したバージョン番号と比較可能な数値」が得られると考えてください。最初の 2 桁がメジャーバージョン、次の 2 桁がマイナーバージョンになっています。よって、Ver.3.5 以降で実行したい箇所がある場合には、例えば、以下のように if 文を記述します。

```
if sys.hexversion > 0x03050000:
    # Do anything
```

　現在実行しているプログラムを終了させたい場合には、sys.exit([arg]) 関数を利用します。引数は、プロセスの返り値となりますが、いくつかのバリエーションがあります。なお、この関数は起動中のプロセスを終わらせるのではなく、SystemExit という例外を発生させます。通常はこの例外により、インタープリタが停止するように動作しますが、プログラムの作り方によっては動作が変わる可能性もあります。

　起動したコマンドラインの引数やパラメータは、sys.argv より配列で得られます。ArgumentParser クラスを使わないで独自に引数の処理を組み込みたい場合には、こちらを使うことになります。なお、python コマンドで起動すると、最初の要素が python コマンドの最初の引数（通常はプログラムファイルの名前）になります。

　起動したプログラムの中から、標準入出力や診断出力を利用したい場合には、sys.stdin、sys.stdout、sys.stderr のそれぞれの変数を利用します。これらの変数には、ファイルを open 関数で開いたときと同じオブジェクトが設定されているので、ファイル処理のメソッドなどを利用することで入出力が可能です。

6.7　シグナルの利用

　OS で稼働する**プロセス**は、他からの**割り込み**的な処理を実現するための**シグナル**という仕組みが組み込まれています。よく利用されるのは、コマンド実行中のcontrol+C によって中断をする仕組です。通常は、このキー操作で単にプロセスを消滅させるのではなく、プロセスに対して、ある決められたシグナルを送出し、プロセスはシグナルに応じた処理を進めるというのが基本となります。

　Python では、signal モジュールでシグナルを利用するための仕組みが提供されています。シグナルに対応するには、プログラムを起動した直後などの早い段階で、signal.signal(signalnum, handler) 関数を呼び出します。最初の引数はシグナルの種類を指定しますが、変数が定義されているのでそれを利用します。例えば、control+C によるシグナルについては signal.CTRL_C_EVENT、Windows のみに使える Ctrl+BREAK によるシグナルを示す signal.CTRL_BREAK_EVENT などがあります。Signal 関数の 2 つ目の引数には、シグナルを受け取った時に実行する関数の名前を記述します。

問 6-1 (No.69)　ファイルを読む ★

　下記のコードは「secret.txt」ファイルの内容を標準出力に表示することを意図したものである。コードの空欄を埋めよ。

```
    ①    open('secret.txt', 'r') as f:
  content = f.   ②   ()


print(content)
```

問 6-2 (No.70)　チョコレートを探す ★

　下記のコードは「チョコレート大好き .txt」にある「チョコレート」を含む改行が削除された行のリストを作成する。コードの空欄を埋めよ。

```
with open('チョコレート大好き.txt', '   ①   ') as f:
  lines = f.   ②   ()

chocolate_lines = [line.   ③   ('\n')
                   for line in lines if 'チョコレート' in line]
```

解答 6-1
　① with
　② read

　with ブロックを出ると、ファイルが閉じられ、ファイルが使っていたシステム リソースが解放されます。with キーワードを使わない場合は、f.close() を呼び出 す必要があります。どちらかといえば、with を使うことはおすすめです。ファイル を読むために open メソッドの第二引数は 'r' にして、内容を取得するために read を使います。

解答 6-2
　① r
　② readlines
　③ rstrip または strip

　まずはファイルを読むために open メソッドの第二引数は 'r' にします。ファイ ルのすべての行を一括にリストに入れるために readlines メソッドがあります。 しかし readlines は改行の '\n' を削除しませんから、リスト内包表記の中で各要 素の末尾にある改行を取り除くために、rstrip('\n') を使います。

　※ rstrip = right strip = 右から削除ですね。lstrip（左から）と strip（左 　　と右）もあります。

問 6-3（No.71）　CSV ファイルを読む　★★

　大輔君は以下のコードにある Character クラスのプロパティを設定するために、それらの情報を含む CSV ファイルを使うことにした。このファイルは Character の属性を最初の行に含むが、順番は一定であるとは限らない。大輔君は下記のコードを書いた。コードの空欄を埋めよ。

```python
class Character:
  def __init__(self, name='', hp=0, mp=0):
    self.name = name
    self.max_hp = hp
    self.hp = hp
    self.max_mp = mp
    self.mp = mp


with open('characters.csv', 'r') as f:
  lines = f.readlines()
attributes = lines[    ①    ].rstrip('\n').    ②    (',')
characters = []
for i in range(1, len(lines)):
  character = Character()
  values = lines[    ③    ].rstrip('\n').    ②    (',')
  for j in range(0, len(attributes)):
      ④    (character, attributes[    ⑤    ], values[    ⑤    ])
  characters.append(character)
```

解答 6-3

① 0
② split
③ i
④ setattr
⑤ j

　属性の順番はわかりませんが、CSV ファイルの最初の行に書いてあるものとします。その情報を利用して、変数 attributes にリストを作成することが出来ます。CSV ファイルはコンマ区切りファイルなので、split(',') を使うと、1 行の値のリストを作ることは簡単です。属性の順番がわからなくても、属性とその値は attributes と values との同じインデックスにありますから、setattr を使うと、属性に正しい値をつけられます。

　この考え方を理解したら、2 つの for ループを使って簡単に書けます。CSV ファイルは 2 次元の表だと考えて、各行 i に 1 つの Character クラスのオブジェクトを構成する情報があって、各列 j に 1 つの属性に対する値があります。

■ Python ミニ知識　CSV の読み書き

　CSV 形式はスプレッドシートやデータベースのインポート・エクスポートにおける一般的に使う形式です。CSV は Comma-Separated Values の頭字語ですが、一般的にはコンマ以外の区切りを使う形式も CSV と呼ばれます。例えば、TSV、Tab-Separated Values もありますが、「CSV ファイルです」または「タブ区切りの CSV です（！）」とよく言われますので、注意しましょう。

　Python には csv モジュールがあります。「このような形式」のデータの読み書きするためのクラスを実装しています。例えば下記のように reader オブジェクトを簡単に作成することができます。

```
reader = csv.reader('file.csv', delimiter=',', quotechar='"')
```

　もちろん、writer オブジェクトも同じように作成します。reader と writer はいくつかの便利なオプションがありますので、必要な時に Python 標準ドキュメントを参照してください。

問 6-4 (No.72) open のモード ★

下記の定義に該当するファイル操作時のモードを答えてください。

| ① |：読み込みモード。ファイルポインターはファイルの先頭に配置されます。デフォルトモード。

| ② |：読み書き両方モード。ファイルポインターはファイルの先頭に配置されます。

| ③ |：読み込みと書き込み両方、バイナリモードで開きます。ファイルポインターはファイルの先頭に配置されます。

| ④ |：書き込みモード。ファイルが存在する場合、ファイルを上書きします。ファイルが存在しない場合、新しいファイルを作成します。

| ⑤ |：バイナリで書き込みモード。ファイルが存在する場合、ファイルを上書きします。ファイルが存在しない場合、新しいファイルを作成します。

| ⑥ |：追加モード。ファイルが存在する場合、ファイルポインターは末尾に配置、ファイルがない場合、新しいファイルを作成します。

| ⑦ |：追加と読み込み両方モード。ファイルが存在する場合、ファイルポインターは末尾に配置、ファイルがない場合、新ファイルを作成します。

問 6-5 (No.73) オブジェクトの保存 ★

CSV ファイルでの処理が重くていったん作成した Character クラスのオブジェクトそのものをファイルに保存しておき、一気にロードして利用したいとする。そのファイルの中身は人間が読む必要がないとする。大輔君は Character クラスのオブジェクトのリストを引数 characters に取る以下の関数で、characters が参照するリストを保存することができるようにしたい。コードの空欄を埋めよ。

```
import     ①
```

```
def save_characters(characters):
  with open('characters', 'w    ②    ') as f:
    pickler =     ①    .Pickler(f)
    pickler.    ③    (characters)
```

解答 6-4

① r

② r+

③ rb+

④ w

⑤ wb

⑥ a

⑦ a+

　要するに、b はバイナリモード、r は読み込み（read）、w は書き込み（write）、a は追加（append）、+ は読み書き両方を指定したい場合に使用します。

解答 6-5

① pickle

② b または b+

③ dump

　pickle はオブジェクトの直列化および直列化されたオブジェクトの復元のために使うモジュールです。「保存」のときは dump メソッドを使います。dump メソッドはオブジェクト characters の「pickle 化表現」をファイルに書き込みます。pickle はバイナリプロトコルを実装していますので、バイナリモードでファイルを開きます。バイナリモードの 'b' を書かない時（デフォルト）はテキストモードになります。バイナリのファイルは人間が読めません。

■ プログラミングミニ知識　オブジェクトをバイト列にする異なる方法

　Pickling（pickle 化）、Serialization（直列化）、または Marshalling（整列化）という言葉は同じように使用されますが、少し異なりますから、注意しましょう。

問 6-6（No.74）　オブジェクトのロード ★

　下記のコードは前の問題で保存したオブジェクトのリストを読んで、変数 characters に書き込むためのものである。コードの空欄を埋めよ。

```
import pickle



with open('characters', '    ①    ') as f:
    pickler = pickle.    ②    (f)
    characters = pickler.    ③
```

問 6-7（No.75）　.mcl ファイルのリスト ★★

　週に 1 回、お客さんが提出した「会社名 .mcl」ファイルを解析して、データを更新する業務を行っているとする。もし、.mcl ファイルを提出するのを忘れた場合、そのお客さんにメールを送る。大輔君はファイル名から今週提出したお客さんのリストを作成して、提出を忘れた会社にメールを送るために、下記のコードを書いた。例えば、「monitored」フォルダに「株式会社パイソン .mcl」と「ドリルマックス .mcl」があれば、変数 provided の値は [' 株式会社パイソン ', ' ドリルマックス '] としたい。コードの空欄を埋めよ。なお、コードの末尾 2 行は英単語が意味する動作を行う関数がどこかで定義されているとする。

```
from    ①    import Path



monitored_folder = Path('monitored/')
provided = [file.    ②    for
            file in list(monitored_folder.    ③    ('*.mcl'))]
not_provided = check_company_names(provided)
notify(not_provided)
```

解答 6-6

① rb または rb+

② Unpickler

③ load()

　前の問題とよく似ていますが、要するに反対のことを行っているのです。今回は
バイトストリームをオブジェクトに復元する処理のコードなので、'wb' ではなくて
'rb' を使います。保存の時は Pickler と dump メソッドを使って、ロードの時は
Unpickler と load メソッドを使います。

解答 6-7

① pathlib

② stem

③ glob

　①は読み込むモジュール名を指定します。pathlib はオブジェクト指向のファイ
ルシステムパスのモジュールです。Python のバージョン 3.4 で追加されました。
前のバージョンでは、os モジュールの scandir メソッドを使えます。②ではファ
イル名に対して stem メソッドを適用して、会社名を得ています。このメソッドは、
末尾から拡張子を除いたパス要素を取り出します。ただし、最後の拡張子だけを取
り除くので、('myarchive.tar.gz').stem は 'myarchive.tar' になります。気
をつけましょう。

　変数 monitored_folder に対して③のように glob メソッドを適用すること
で、引数のパターンに対応するファイル一覧を取得します。つまり、monitored_
folder ディレクトリの中にある拡張子が .mcl のファイルの一覧を得ます。引
数に '**/*.mcl' と指定すれば、ディレクトリツリー内にあるファイルすべて
を取得します。その結果をリストにして、各要素に対して拡張子を削除し会社
名のリストを得ています。提出されたファイルの名前のリストを作成した後に、
check_company_names と notify という関数を呼び出します。check_company_
names はお客さんのリストから、提出を忘れた会社のリストを返す関数と想定して
います。また、notify は会社のメールアドレスに連絡する関数と想定します。こ
れらの関数のコードは問題の範囲外ですが、どう実装すればいいかを考えるのはい
い練習です。

問 6-8（No.76）　ファイルの情報を JSON で保存する　★★

毎日、サーバの状態をログするために、ファイル名、サイズ、変更日を取得し、JSON ファイルに保存する。JSON ファイルは、「upload」ディレクトリに保存するものとする。下記のコードの空欄を埋めよ。

```python
import os
import json
from datetime import date


def serialize_to_json(file):
    file_info = os.stat(file)
    info = {
        'name': os.path.basename(file),
        'size': file_info. ①  ,
        'last_modification': file_info. ②
    }
    return json. ③  (info)


files = []
extensions = ('.wp1', '.wp2', '.sc1', '.sc2')
for dirpath, dirnames, filenames in os.walk('upload'):
    for filename in filenames:
        if filename.endswith(extensions):
            files.append(serialize_to_json(os.path.join( ④ , ⑤ )))

export_f = 'Export_' + date.today().strftime('%Y%m%d') + '.json'
with open(export_f, 'w') as f:
    json.dump(files, f)
```

① st_size

② st_mtime

③ dumps

④ dirpath

⑤ filename

os モジュールにある stat 関数を使うと、ファイルの情報を取得することができます。

①のように st_size はファイルのバイトサイズを取得します。

また、②のように st_mtime は最後に変更された時刻を取得します。

そして、③のように、json.dumps はオブジェクトを JSON 形式の文字列に直列化します。os.walk は引数に指定したディレクトリをルートとして、ディレクトリツリーに含まれる各ディレクトリごとに、(dirpath, dirnames, filenames) の形式の３つの要素のタプルを与えます。dirpath はディレクトリのパスです。dirnames は dirpath 内のサブディレクトリ名のリスト。filenames は dirpath 内の非ディレクトリ名のリストです。

JSON をシリアライズするための serialize_to_json を呼び出しますが、ファイル名だけだと不十分なので、パスになるように os.path.join(dirpath, filename) を使って、呼び出します。

問6-9 (No.77)　コマンドでスクリプトの実行1　★★

下記のスクリプトは power.py のファイルに保存されているとする。コマンドで

```
python power.py 7 3
```

と入力して呼び出すと、「7^3 = 343」が出力されるようにコードの空欄を埋めよ。

```
import argparse

parser = argparse.  ①  (description="Calculate X to the power of Y")
parser.  ②  ("x", type=int, help="the base")
parser.  ②  ("y", type=int, help="the exponent")
args = parser.  ③  ()

answer =   ④  .x **   ④  .y

print("{}^{} = {}".format(  ④  .x,   ④  .y,   ⑤  ))
```

（解答は3ページ先です）

問6-10 (No.78)　コマンドでスクリプトの実行2　★★

次のスクリプトでは極小曲面 (minimal surface) の近似を計算する。コードは
「minsurf.py」というファイルに保存されるとする。「python minsurf.py -h」で
実行すると以下のメッセージが表示される。

```
usage: minsurf.py [-h] [-v] [-p POINTS] [-t THRESHOLD] boundary

Compute an approximation of the minimal surface spanned on the
boundary described by the file given as an argument

positional arguments:
  boundary        file describing the boundary
```

```
optional arguments:
  -h, --help       show this help message and exit
  -v, --verbose    increase output feedback
  -p POINTS, --points POINTS
                   number of points for the initial triangulation
  -t THRESHOLD, --threshold THRESHOLD
                   the maximum error threshold
```

極小曲面の計算は err が THRESHOLD より小さくなったら終わる。コードの空欄
を埋めよ。

```
import minsurf  # Custom module
import argparse

parser = argparse.ArgumentParser(
        description="Compute an approximation of the minimal surface "
        "spanned on the boundary described by the file given as an "
        "argument")
parser.add_argument("  ①  ", "  ②  ", action="store_true",
                    help="increase output feedback")
parser.add_argument("  ③  ", type=argparse.FileType('r'),
                    help="file describing the boundary")
parser.add_argument("  ④  ", "  ⑤  ", type=int, default=1000,
                    help="number of points for the initial "
                    "triangulation")
parser.add_argument("  ⑥  ", "  ⑦  ", type=float, default=0.001,
                    help="the maximum error threshold")

args = parser.parse_args()
```

```
if args.verbose:
  print("Disk triangulation ({} points)...".format(args.points))
disk_trig = minsurf.disk_triangulation(args.points)
if args.verbose:
  print("Running Gauss-Seidel procedure...")
  print("Using " + args.boundary.name + " for the boundary.")
global_mat = minsurf.global_matrix()
f_params = minsurf.boundary_prep(args.boundary)
gs_results, err = minsurf.gauss_seidel(global_mat, disk_trig, f_params)


print("Approximation computed! Error = " + err)
```

（解答は 2 ページ先です）

問 6-11 (No.79)　コマンドでスクリプトの実行 3　　★★

問 6-10 のコードを使ってコマンドラインから実行した。下記の出力に対応する
実行のコマンドを答えよ。

```
$ python minsurf.py  [    ①    ]
Disk triangulation (1000 points)...
Running Gauss-Seidel procedure...
Using knot3D.py for the boundary.
Approximation computed! Error = 0.002371611895
```

（解答は 3 ページ先です）

① `ArgumentParser`

② `add_argument`

③ `parse_args`

④ `args`

⑤ `answer`

　argparse モジュールを使うときの最初のステップは、ArgumentParser クラスのインスタンスを生成することです。このクラスはコマンドラインに記述したオプションを利用できるようにするためのものです。このスクリプトがどんなコマンドライン引数を受け付けるか指定するために add_argument を使います。

　parser.args() は実行コマンドの引数を返します。コマンドラインに「python power.py 7 3」と入力して実行すると、x = 7, y = 3 ですので、スクリプトの答えは「7^3 = 343」になります。

■ Python ミニ知識　argparse モジュールと help コマンド

　argparse モジュールはプログラムとして記述しなくても便利な機能を準備します。例えば、コマンドのヘルプは自動的に生成され、「python power.py --help」とコマンドラインで実行すると、下記の情報が表示されます。

```
usage: power.py [-h] x y


Calculate X to the power of Y


positional arguments:
  x       the base
  y       the exponent


optional arguments:
  -h, --help  show this help message and exit
```

解答 6-10

① -v

② --verbose

③ boundary

④ -p

⑤ --points

⑥ -t

⑦ --threshold

　カスタムモジュールとしてインポートしている minsurf は、数学の極小曲面論の処理を行うためのものです。このモジュールを利用する部分には空欄はありません。disk_triangulation 関数、boundary_prep 関数にはコマンドラインの引数が渡されています。一見すると難しそうですが、この部分は見なくても解答可能でしょう。ここでの問題は、argparse モジュールを使ったコマンドラインの引数やオプションの取り出しを行う部分の穴埋めです。

　①②は、-v あるいは --verbose に対するものなので、それらを引数として指定します。③は boundary 引数、④⑤は -p あるいは --points、⑥⑦は -t あるいは --threshold オプションに対するものです。add_argument の引数にあると、コマンドラインのヘルプ表示を対照させれば埋める内容が見えてきます。

　※任意引数の短いオプション（verbosity を意味する -v）は必ずしも必要でありませんが、コマンドラインに慣れていれば、欲しいですね。

■ **数学ミニ知識　極小曲面**

　極小曲面は数学、化学、宇宙論など科学の様々な分野で現れる微分幾何学の複雑な概念です。フープ（リング状のもの）を石鹸水に浸してから引っ張り上げると、リング内に液体のディスクが作られます。同様に立方体のワイヤーフレームを使うと、シンプルで綺麗な 3 次元の表面が作られます。この石鹸水の表面が極小曲面であるとイメージしてください。一般的な表面を正確的に計算するのは無理なので、このプログラムの目標は与えられた境界（フープ、ワイヤーフレーム）に紐づく極小曲面の近似の計算です。

　なので、シャボン玉で遊ぶ時も極小曲面を使います。バブルを作るために、まずはフープを使って小さいシャボンのディスク、つまり小さい極小曲面を作りますね。

　極小曲面は様々な種類があって、インターネットで画像検索すると、面白い表面の写真がたくさん出てきます。

① -v -t 0.003 -p 1000 knot3D.py（これは解答例です。オプショ
ン指定は --verbose、--threshold、--points でも OK、-t の値
は以下の解答を参照）

　出力結果を見ると、args.verbose が True の場合に出力される文字列がまず見え
ているので、-v が指定されていることがわかります。また、Using の後にファイル
名が出力されるので、boundary に相当するファイル名は「knot3D.py」であること
がわかります。

　また出力の1行目を見ると、「1000 points」と出力されているので、-p オプショ
ンは1000と指定されています。ただし、1000 は既定値でもあるので -p オプショ
ンは指定しなくても構いません。

　-t で与えられる threshold のデフォルトは0.001ですが、最後の Error の値、
0.002371611895 ≈ 0.0024 で終わったので、この値より大きい値の threshold が与
えられたと判断できます。最後の -t については、数学を知っていないと難しいで
すね。オプションは任意の順序で書いても変わりませんので、以下のいずれも正解
です。なお、2通りの記述ができるパラメータが3つと、どの順序で指定してもよ
いブロックが4つあるため、解答を全部挙げると、pow(2,3) * (4 * 3 * 2 * 1)
= 8 * 24 = 192 通りにもなるので、いくつかの例に留めておきます。

```
python minsurf.py knot3D.py -t 0.0025 -v
python minsurf.py -v -p 1000 --threshold 0.0025 knot3D.py
```

問 6-12 (No.80)　シグナル　★★

無限ループの中で解析を行う。途中で解析の実行を中止する必要がある。そこで、Ctrl+C で実行を中止することにして、SIGINT の signal が受信される仕組みを利用する。その時、「log.txt」に中止の日時を書くとする。コードの空欄を埋めよ。

```python
import signal
import sys
from datetime import datetime


def log_time(signal, frame):
    """Function called when the program closes"""
    with open("log.txt", "a") as f:
        f.write("Script interrupted - {} \n".format(datetime.now()))
    ①      (0)


signal.    ②    (signal.SIGINT,    ③    )

while True:
    # SCRIPT ANALYSIS
    # ...
```

解答
6-12

① sys.exit

② signal

③ log_time

　インポートした signal モジュールにある signal 関数（②）は、その関数の引数に指定した種類のシグナルを受信した時の動作を指定することができます。1つ目の引数にシグナルの種類、2つ目の引数にカスタムハンドラーと呼ばれるシグナルを受信したときに実行される関数を指定します。ここで、シグナルの種類に指定した SIGINT ＝ siginterrupt は、例外の KeyboardInterrupt に対応したものです。この例外は Exception を継承していません。ここで、ハンドラーとして呼び出す関数 log_time に括弧がありません！（③）括弧はメソッドを実行するという意味です。括弧をつけない場合は、メソッドへの参照を渡します。SIGINT を受信する時に呼び出されるメソッドは、アプリケーションの終了を行う sys.exit を忘れると Ctrl+C を押してもプログラムが終わりません！（是非、やってみてください！）。従って、①のように、SIGINT のハンドラーの最後に sys.exit を呼び出します。

Chapter 7

並行処理

　マルチコアのプロセッサが一般的になるなど、**並列処理**（あるいは**並行処理**）を行う機会は増えています。また、意識しなくても並列処理が為される場合もあるなど、並列処理の知識と問題点の把握は現在のプログラミングの世界では必須の知識です。なお、システムが複数の動作を同時に実行状態にできることを**並行**（concurrent）と呼び、その複数の動作を同時に実行できることを**並列**（parallel）と呼びます。プログラミング上では並行処理の記述ができるようになっていて、そのためのプログラムの記述方法をこの章では扱います。

　一方、並行処理が、ハードウェアや OS によって並列処理に展開できる状態にある場合に、並列処理が実行されることになります。今時のパソコンやサーバなどでは結果的に並行処理を並列に処理できるので、並行も並列も同じようなものともいえますが、例えば単一コアの CPU であれば、並行処理は記述できても実際には並列には動作しないことが一般的です。

7-1　スレッドの利用

　並行処理のプログラミングでは必ず出てくる**スレッド**という用語ですが、CPUや OS、あるいは言語の実行環境それぞれのスレッドがあり、必ずしもそれらは同一のものとはいえません。ここで、プログラミングの世界でのスレッドは並行処理

の 1 つひとつを管理するための仕組みと抽象的に理解しましょう。それらが CPU
の 1 つひとつのスレッドに割り当てられるのかどうかは、状況によるので、まず
は抽象的な理解が必要です。スレッドを利用するには、threading モジュールにあ
る Thread クラスを利用します。クラスのコンストラクタは以下に示すように引数
が多いので、引数は名前付きの定義で利用するのが便利でしょう。しかも最初の
group= の値は None でないといけなく、結果的に省略できるので、target= 以降を
記述するのが一般的です。

```
Thread(group=None, target=None, name=None, args=(), kwargs={}, *, daemon=None)
```

　スレッドでは、定義された関数の実行を並行処理することができます。target=
で関数を指定し、args あるいは kwargs でその関数を呼び出すときの引数を指定し
ます。args はタプルで、kwargs は辞書で、引数を指定します。name は識別のため
の名前でこれは動作に特には関係なく、複数のスレッドが同一名でもかまいませ
ん。daemon は None か True を指定します。True にすると**デーモンスレッド**という
特殊な動作でスレッドが稼働します。なお、Thread クラスを利用しなくても、最
初に起動した Python のプログラムは処理系が利用するスレッドを利用して稼働
しています。そのスレッドを**主スレッド（メインスレッド）**と呼びます。

　生成した Thread オブジェクトに対して、start メソッドを適用することで、
target= に指定した関数をスレッド上で処理をします。関数の処理をしている間
は、is_alive メソッドが True を返します。スレッドが終了するまで待つには、
join メソッドを呼び出しますが、このメソッドは引数でタイムアウトの秒数を指
定することもできます。なお、Thread クラスを継承したクラスでは、run メソッド
を定義する必要があります。start メソッドによって、run メソッドが呼び出され
ます。継承の際には、run と __init__ だけを継承するようにします。

　マルチスレッド環境において、他のスレッドの終了を待つなどの協調的な動作
をすることを**同期**と呼んでいます。join メソッドは同期のために利用されます
が、待つ間は何もできなくなります。一方、Condition クラスでは、wait、notify、
notify_all といったメソッドが利用でき、処理中にいったんロックを解放して別
の処理に実行の機会を渡すなどの処理が可能です。さらに、カウンタを利用する伝
統的な手法である Semaphore クラスも利用できます。また、生成時に数値を指定
する Barrier クラスでは、wait メソッドを指定した回数実行するまでブロックさ
れるので、複数の処理が終わるまで待つということが手軽にできます。

7-2　単一のスレッドからの実行だけにロック

　並行処理においては、ある1つの関数が同時に複数のスレッドから実行されることが望ましくない場合があります。その場合、ある処理が実行中に**ロックを獲得**（**ロックする**）し、その処理が終了すると**ロックを解放する**（**アンロックする**）という処理を行い、ロックが獲得されている場合に別の処理から呼び出す場合、ロックが解放されるまで待つといった処理を利用することができます。そのために、threading モジュールには Lock というクラスが定義されていて、このクラスのオブジェクトで制御をすることができます。ロックの獲得は acquire メソッド、ロックの解放は release メソッドを利用します。シンプルには、ロックしたい関数の呼び出し前後に acquire メソッドと release メソッドを呼び出します。

　なお、実際のプログラミングではロックを自分でプログラミングすることは予想外の結果をもたらすこともよくあります。**デッドロック**と呼ばれる複数の処理がお互いにロックの解放を待ってしまうことで**プロセス**全体が止まってしまうなどの症状に出会うこともあるでしょう。獲得と逆順に解放するなどの回避策はありますが、複雑なプログラムでは意図せずデッドロックは起こりがちです。

7-3　Global Interpreter Lock（GIL）による制限

　スレッドを利用すると、単純な処理ならスレッドの数だけ速くなると思いたいところではありますが、**CPython** では **Global Interpreter Lock**（**GIL**）という仕組みがあり、一部の例外を除いて、同時に実行できるスレッドは、1つに制限されています。つまり、並行処理は記述できますが、多くの場合は並列処理されない状況になっています。このことも含めて「スレッドを使えば速くなるわけではない」ということもいわれています。

　このような仕組みを採用する理由は、処理速度の向上や実装の容易さ、さらには並列処理に問題がある C 言語のライブラリの利用が可能になるといったことが挙げられています。並行処理におけるパフォーマンスの足かせになるのはロックの取得や解放に時間がかかることがありますが、1つのスレッドしかないという前提があればロックをかける必要がなくなるので処理速度の向上が見込めます。

7-4　本当に並列処理を行う multiprocessing パッケージ

　Thread クラスと同じインターフェースを持つ Process クラスが multiprocessing パッケージに定義されています。start メソッドや join メソッドが定義されて利用可能なことも、Thread と共通です。このクラスでは、スレッドではなく**サブプ**

ロセスが起動されるので、GIL による制約があっても、並行処理可能なプロセスが
稼働します。コンストラクタは以下のように定義されています。

```
Process(group=None, target=None, name=None, args=(), kwargs={}, *, daemon=None)
```

　プロセスを起動する場合は、「if __name__ == '__main__':」という if 文の中
で起動するのがコーディングルールです。この __name__ は現在のモジュール名で
す。import で呼び出された場合には __name__ には import の後の名前が入ります
が、python コマンドで起動した場合は '__main__' という文字列になります。起
動されたプロセス側では __name__ は設定されていないので、この if 文以下は実
行されません。

　タスクを実行するためのプロセスをあらかじめ蓄えておく（プールする）ための
クラスが Pool です。そのプロセス 1 つひとつは**ワーカー**と呼ばれます。定義され
ているのは multiprocessing.pool モジュールです。コンストラクタは以下のよう
に定義されており、引数もたくさんありますが、最初の processes でプールする
プロセス数を指定するだけの利用が一番手軽です。そして、with を使って記述をす
ることで、Pool を使い終わった後に実行する必要のある close メソッドの呼び出
しは不要になります。また、Pool クラスのオブジェクトでは join メソッドでプロ
セスが終了するのを待つことができます。

```
Pool([processes[, initializer[, initargs[, maxtasksperchild[, context]]]]])
```

　Pool クラスのインスタンスを得れば、以下のメソッドを利用することで、サブ
プロセスで関数の処理を実行できます。いずれのメソッドも、即座に関数呼び出し
が始まります。それぞれ、引数の func が実行する関数、その引数は args へのタ
プルないしは kwds への辞書で指定をします。

　map の名前のあるメソッドは、iterable に指定したリストの各要素に func を適
用した新たなリストを返す処理を行いますが、iterable を chunksize ごとに分離
して複数のプロセスに送って処理をします。starmap はタプルのリストなどで、分
離するとともに、タプルを引数に分ける処理を行います。マップ処理においてデー
タサイズが大きい場合は imap や、順序と関係なく処理をする imap_unordered を
利用します。callback 引数は処理終了時に呼び出す関数名を記述しますが、その
関数は 1 つの引数を取り、処理結果の返り値が得られます。

```
apply(func[, args[, kwds]])
apply_async(func[, args[, kwds[, callback[, error_callback]]]])
map(func, iterable[, chunksize])
map_async(func, iterable[, chunksize[, callback[, error_callback]]])
imap(func, iterable[, chunksize])
imap_unordered(func, iterable[, chunksize])
starmap(func, iterable[, chunksize])
istarmap_async(func, iterable[, chunksize[, callback[, error_callback]]])
```

　ここで、_async がついたメソッドは文字通り非同期に実行され、呼び出し時には、AsyncResult クラスのオブジェクトが返されます。このオブジェクトでは、get メソッドで、func に指定した関数の返り値が得られます。また、wait メソッドで値が返されるまで待ちます。_async がないメソッドは実行の終了を待って、値を返します。apply は 1 ワーカーだけを使って処理をします。そのほかは map 動作なので、func 関数を適用した結果のリストが得られます。

　以下は、Pool クラスを利用したプログラム例です。

```
from multiprocessing import Pool

def proc(value):
    return -value

if __name__ == '__main__':
    with Pool(20) as pool:
        print(pool.map(proc, range(10)))
```

出力結果　[0, -1, -2, -3, -4, -5, -6, -7, -8, -9]

　ここでの Pool クラスに近い感じで、スレッドをプールして実行するクラスが concurrent.futures モジュールにあり、クラス名は ProcessPoolExecutor です。こちらは実際に複数のスレッドが並列処理できます。Thread は実質的には並列処理はできないので、multiprocessing パッケージや ProcessPoolExecutor クラスの利用を Python 標準ドキュメントでは勧めています。

7-5　プロセス間でのデータ共有

　Process クラスや Pool クラスを利用して起動したプロセスは、サブプロセスながら別のプロセスになるので、双方のプロセスの間では、グローバル変数であっても別々のメモリエリアを使う違う変数になります。プロセスごとにメモリを確保するので、動作上は当然のことなのですが、「なぜグローバル変数なのに値が共有できないのか」と思ってしまうかもしれません。

　そこで、プロセス間でデータを共有できるような仕組みがいくつか用意されています。1 つは、multiprocessing モジュールにある Array あるいは Value クラスです。もちろん、Array は共有のリスト、Value は共有の変数を用意するものです。コンストラクタは以下のように定義されています。

```
Array(typecode_or_type, size_or_initializer, *, lock=True)
Value(typecode_or_type, *args, lock=True)
```

　最初の引数は、変数あるいはリストの要素の型を指定します。Python の型ではなく、C の型ごとに定義された文字を指定しますが、signed int なら 'i' などとなっています。完全な一覧表は、Python 標準ドキュメントで、ドキュメント　»　Python 標準ライブラリ　»　データ型　»　array --- 効率のよい数値アレイ、と移動したところにあるページを参照してください。2 つ目の引数は、Array も Value も初期値を指定します。lock は書き込み時のロックを行うかどうかです。

　いずれのオブジェクトも、value プロパティから読み出したり、あるいは代入したりすることで、値の読み出しや書き込みが可能です。背後で共有されているメモリを利用するので、サブプロセスで代入した値を、最初のプロセス側で読み出すことができます。

　プロセス間でデータを共有する別の方法として、**キュー**を使う方法があります。キューは、データを入れた順番に取り出すことができるバッファで、multiprocessing モジュールにある Queue クラスは、もちろんマルチプロセス環境で利用できます。Queue() で生成したオブジェクトに対して、put(obj) メソッドを実行すると、引数のオブジェクトがキューに入ります。また、get メソッドにより取り出されていないデータの中で最も古いものを取り出すことができます。get メソッドにより取り出されたデータはキューから削除されます。利用法は非常に簡単で、プログラム内のモジュール（まとまった一塊りのこと）間の結合度はより**疎結合**になり、メンテナンスがしやすいコードになることが期待できます。

問 7-1（No.81）　スレッドの生成と処理の終了の待機　★★

　次のプログラムは、0〜99,999 までの数値の合計を求めるプログラムである。ここで合計を求める場合に、数値の範囲を 10 等分して、0〜9,999、10,000〜19,999、...、90,000〜99,999 の範囲に分割して、それぞれを別々のスレッドで計算し、最後にその 10 分割した数値範囲の合計についてさらに合計を求めて、全体の合計とする。リスト result にはそれらを 10 等分した範囲のそれぞれの合計値を記録する。リスト th には生成したスレッドが要素として記録される。正しい結果が得られるように、空欄を埋めること。

```
from      ①      import Thread
from functools import reduce


def add_all(fr, to, index):
  s = 0
  for n in range(fr, to + 1):
    s += n
  result[index] = s



result = [0] * 10
th = [None] * 10
for i in range(10):
  start =      ②
  end =      ③
  th[i] = Thread(target=      ④     , args=(start, end, i))
  th[i].start()
for i in range(10):
  th[i].      ⑤
print("{:,}".format(reduce(lambda x, y: x + y, result)))
```

出力結果　4,999,950,000

解答
7-1

① `threading`

② `i * 10_000`　　　　　　　　　# ②と③は同等な式であれば正解です。

③ `(i + 1) * 10_000 - 1`　#「 _ 」はなくてもかまいません

④ `add_all`

⑤ `join()`

　スレッドを利用した並行処理のプログラムの基本を押さえていれば難なく解答できる問題でしょう。まず、Thread クラスを使うためには、①の解答にあるように threading モジュールを指定します。そして、Thread クラスを生成している部分が途中にあることを確認します。ここで、Thread クラスのコンストラクタで target 引数に指定できるのは関数です。④はスレッドで実行する関数だけを記述するので、文字列などではなく「add_all」と関数への参照を記述します。

　ここで add_all 関数の定義を見てみると、3 つの引数を取っています。ローカル変数の s に、range(fr, to + 1) で生成されたリストの各要素を加算しています。つまり、0～9,999 の範囲の加算をする場合は、fr に 0、to に 9,999 が入っている必要があります。index は、10 分割した数値範囲の最初から何番目かを 0 以降の数値で指定します。すると、グローバル変数となっているリスト result の特定の要素に合計値が求められます。この事実を元に、呼び出し元である Thread クラスを生成している部分を見てみます。args 引数に指定するタプルには、変数 start と変数 end が使われているので、その 2 つの変数へ値を入れるためのステートメントをその前の②と③の箇所に記述しなければなりません。ここで for の変数 i は、0,1,2,...,9 と変化し、0 の時には start は 0 で end は 9,999、1 の時には変数 start は 10,000 で変数 end は 19,999 となるように式を組み立てます。その結果、解答のような式になりますが、同等な結果になる式であれば（例えば②なら「10000 * i」）それらも正解です。若干冗長なプログラムではありますが、呼び出し元で範囲を確定させる記述方法でプログラムを作成してみました。

　生成したメソッドは start() により実際にスレッド上で実行しますが、その後、⑤にあるように join メソッドで、各スレッドの処理を待ちます。そうしないと、リスト result の各要素に合計値は入っていません。最後に、reduce 関数を使ってリストの値の合計を求めて結果として出力しています。reduce 関数は [3, 7, 5] というリストに対しては、最初のラムダ式が 0 + 3 = 3、次のラムダ式が 3 + 7 = 10、そして最後のラムダ式が 10 + 5 = 15 のようになって、要素の合計を求めます。

問 7-2（No.82）　問 7-1 で result を使わない　★★

　問 7-1 のプログラムを改良して、リスト result を使わないで、合計を求める
ことにした。その段階では解答欄②③④の行は記述していない。使用した環境
では、10,000 個ずつ別々のスレッドで求める場合には正しく結果を出力できた
が、1,000,000 ずつ 10 分割して 0～9,999,999 までの合計を取ると、正しい値の
49,999,995,000,000 より小さな 18,729,807,728,754 となった。そこで、コメントに
「計算が正しくなるように追加した」と記載した 3 行を追加し、代入が行われる変数
の cumulative をロックして同期処理を組み込んだ。空欄に適切なコードを記載せよ。

```python
from threading import Thread, Lock


def add_value(value):
    ①      cumulative
    lock.   ②       # 計算が正しくなるように追加した
    cumulative += value
       ③          # 計算が正しくなるように追加した


def add_all(fr, to):
    for n in range(fr, to + 1):
        add_value(n)


cumulative = 0
lock =    ④        # 計算が正しくなるように追加した
th = [None] * 10
for i in range(10):
    start = i * 1_000_000
    end = (i + 1) * 1_000_000 - 1
    th[i] = Thread(target=add_all, args=(start, end))
    th[i].start()
for i in range(10):
    th[i].join()
print("{:,}".format(cumulative))
```

修正前の出力例　18,729,807,728,754

解答
7-2
① `global`
② `acquire()`
③ `lock.release()`
④ `Lock()`

　スレッドを利用した実行では、GIL が有効になっているからといって、全ての処理が逐次処理されるとは限りません。並列に稼働しなくても、スレッドの処理が処理系の制御により小さな時間で区切られて、実行中のスレッドが切り替わります。このとき、「cumulative += value」のようなある変数に複数のスレッドから書き込みにいく場合、通常は、内部で「A. 現在の値を読み出す」「B. その値に右辺の値を加算する」「C. 加算した結果を書き込む」という複数の処理に分割されます。複数のスレッドがある場合、どのスレッドも ABC の順に処理をしますが、処理系によって途中で処理を中断させられ、別のスレッドが稼働する可能性があります。あるスレッドが A を処理してストップし、その間たまたま別のスレッドが ABC と処理をして数値を増加させたとしても、元のスレッドが BC と処理を進めて割り込んだスレッドの結果を上書きする可能性もあります。その結果、加算ばかりするこの事例では正しい数値よりも小さな数値を結果として出力してしまいます。データが少なければ正しく計算されますが、だからといって問題ないわけではなく、データを増やすと問題が出るというのはバグがあるということになります。

　この問題を解決するには、「cumulative += value」の処理をあるスレッドが行っている間は、この処理を別のスレッドができないようにする**ロック**の処理を組み込むことです。そのために、Lock というクラスが threading モジュールには用意されています。使い方は簡単で、同時実行を避けたい範囲の最初と最後に acquire メソッドと release メソッドを実行します。すると、別のスレッドが acquire してまだ release していない場合、acquire をするときに release されるまで待つので、複数のスレッドが同時に処理を進めることはありません。ただ、こうした処理自体がそこそこ重たいことと、待ちに入ることもあって、一般にはロックの処理により全体的なパフォーマンスは犠牲となります。なお、これらのメソッドはドキュメントには「すべてのメソッドはアトミックに実行されます。」と記述されており、式への代入のような競合が起きないように実装されていることがわかります。

　なお、①は、関数内でグローバル変数の cumulative に書き込みを行うために、関数内部で global による変数宣言が必要になるので記述しています。単に読み出ししかしない変数だと、global の記述はなくてもかまいません。

問7-3（No.83）　問7-1の引数指定方法の変更　★★

　以下のコードは、問7-1の一部を少しだけ修正したものである。つまり、Thread
クラスのオブジェクトを生成するときに、引数にargsではなく、kwargsで指定し
たいとする。そうなるように、空欄を埋めよ。

```
for i in range(10):
    start = i * 10_000
    end = (i + 1) * 10_000 - 1
    args_d =     ①
    th[i] = Thread(target=add_all, kwargs=args_d)
    th[i].start()
```

問7-4（No.84）　問7-2のadd_value関数の変更　★★

　問7-2で、変数に値を追加するadd_value関数を定義したが、この関数では、
いずれかのスレッドがロックしているときには例外を発生するという仕様に変更し
たいとする。add_value関数の変更結果となるように以下のコードを埋めよ。

```
def add_value(value):
    global cumulative
    if     ①    :
          ②      Exception('競合が発生しました')
    cumulative += value
    lock.release()
```

解答
7-3

① {'fr': start, 'index': i, 'to':end}
　# 要素の順序は違っていてもかまいません

　引数 kwargs には、スレッドで実行する関数の引数を、辞書で指定します。辞書のキーは、呼び出す関数の仮引数の文字列、辞書の値は引き渡す値を指定します。なお、上記は解答例で、わざと順序を関数の定義と異なるようにしていますが、キーと値のセットが一致していれば、'fr'、'to'、'index' の順序は特に問いません。

解答
7-4

① not lock.acquire(blocking=False)
② raise

　Lock クラスの acquire メソッドは、blocking 引数で、ロックが獲得できるまで待つかどうかを指定できます。既定値の True で獲得できるまで待ちますが、False を指定すると、ロックが獲得できない場合には即座にメソッドを終了します。そして、acquire メソッドはロックが獲得できたかどうかを論理値で返します。

　よって、「lock.acquire(False)」ないしは解答例のような記述でまずはロック獲得待ちをしないようにしますが、その結果が False であれば例外を発生するように if 文を構築します。論理値の反転は not 演算子で行います。例外の発生は、例外オブジェクトを生成して raise を利用します。これは Chapter 4 で紹介した通りです。

　ちなみに、実行した時に例外が発生すれば、結果は間違えた数値になるはずです。これだけのコードだと意味のないコードになりますが、「失敗すると改めて別の機会に再度実行する」という仕組みと組み合わせれば、このような例外を使用して処理が成功するかどうかを判定に織り込むこともプログラミングする機会があるかもしれません。

■ Python ミニ知識　ロックのためのオブジェクト

　ロックのためのオブジェクトとして、threading モジュールには RLock というクラスも定義されています。Lock と同様に acquire メソッドおよび release メソッドを利用します。RLock は「再入可能ロック (reentrant lock)」を短くした名前で、同一スレッドであればロック中でもロック獲得が可能です。

問 7-5（No.85）　Barrier クラスを利用した同期処理　★★★

　問 7-1 と同様な処理を join メソッドを使わずに、Barrier クラスを用いて実装することにした。スレッドで呼び出される関数の最後で Barrier クラスの機能を利用して待ちに入ることにする。そのため、add_all 関数は Barrier クラスのオブジェクトへの参照を渡す引数を追加で記述した。以下のプログラムの空欄を埋めよ。

```python
from threading import Thread, Barrier
from functools import reduce


def add_all(fr, to, index, barrier):
  s = 0
  for n in range(fr, to + 1):
    s += n
  result[index] = s
  ┌─────┐
  │  ①  │
  └─────┘


num = 10
result = [0] * num
th = [None] * num
b = Barrier(┌───②───┐)
for i in range(num):
  start = i * 10_000
  end = (i + 1) * 10_000 - 1
  th[i] = Thread(target=add_all, args=┌──③──┐)
  th[i].start()
┌──④──┐
print("{:,}".format(reduce(lambda x, y: x + y, result)))
```

出力結果　4,999,950,000

解答 7-5

① `barrier.wait()`

② `num + 1` または `11`

③ `(start, end, i, b)`

④ `b.wait()`

　問題文にあるように add_all 関数は4つの引数があります。ここで、変数 b には Barrier クラスのオブジェクトのインスタンスが代入されているので、これを add_all の4つ目の引数に指定する必要があります。したがって、③に示すように、add_all 関数に渡す変数を4つの要素のタプルで表現します。

　add_all 関数の最後で引数に指定した Barrier クラスのオブジェクトを利用するので、①には「barrier.wait()」を記述することになります。また、スレッドを生成し start() した後、join() がないので、そのままだと計算前に最後の print で合計を計算しようとしてしまいます。そこで、④のように、メインスレッド側でも wait() で待ちを入れる必要があります。

　ここで、②ですが、10個のスレッドを利用しているので、10（あるいは、num）でいいかと思うかもしれませんが、正しくは 11（あるいは、num + 1）です。10個のスレッドと同時に、メイン側も「待ち」に入り、全部の処理が終わる、つまり、wait() が 11 回呼び出された後に、最後の合計の計算をするようにします。メイン側もあるので +1 が必要になるのです。

　ここで、②に関して実際に num だけで試したところ、うまく結果が得られたという方もいらっしゃるでしょう。その場合、変数 start や変数 end に代入している行の右辺にある定数を、10,000 から、100,000、1,000,000 と数字をアップして、スレッドの処理に時間がかかるようにしてみてください。おそらく正しくない結果になるでしょう。小さな数字だと、スレッド側の処理は④のところに来た段階ですでに終わってしまっていて、ここで待ちに入らなくても正しい結果がたまたま出てしまったということです。スレッドの処理に時間がかかると、④が最初に呼ばれる wait() になり、その後に、①の wait() が順次呼ばれるような順序になります。Barrier(10) で生成した場合だと、9つ目のスレッドが終了した時に、メインスレッド側の wait() によるブロックが解除されて合計を求めてしまいますので、10番目のスレッドの計算結果が加えられない可能性が高くなります。このように、同じ**アルゴリズム**でも状況によってプログラムは正しく動いたり動かなかったりすることが、並行処理のプログラムではよく出くわします。また、同期の問題など、デバッグしづらい世界もあり、いろいろな側面を鑑みて難しいといわれる所以でもありますが、ポジティブに考えれば並行処理は面白いテーマであるともいえるでしょう。

問 7-6（No.86）　multiprocessing モジュールを利用した並行処理 ★★★

以下のプログラムは問 7-1 と同様なことを意図したものであるが、multiprocessing モジュールの Process クラスを利用してサブプロセスを複数実行して計算処理がなされるつもりで実装したものである。問 7-1 と同等な動きになるように、空欄を埋めよ。また、print でどのような数値が出力されるのかを推定すること。

```python
from multiprocessing import Process


def add_all(fr, to, index):
  s = 0
  for n in range(fr, to + 1):
    s += n
  result[index] = s


worker = [None] * 10
result = [0] * 10
if      ①     :
  for i in range(10):
    start = i * 10_000
    end = (i + 1) * 10_000 - 1
    worker[i] =      ②
    worker[i].start()
  s = 0
  for i in range(10):
    worker[i].join()
    print(result)
    s += result[i]
  print("{:,}".format(s))    出力結果      ③
```

解答 7-6

① `__name__ == '__main__'`
② `Process(target=add_all, args=(start, end, i))`
③ `0`

　プロセスを起動する場合は、「`if __name__ == '__main__':`」という if 文の中で起動することがコーディングルールの 1 つとして決められています。この `__name__` は現在のモジュール名で、import で呼び出された場合には `__name__` には import の後の名前が入ります。

　一方、python コマンドで起動した場合は `'__main__'` という文字列になります。Process などで起動したサブプロセス側では、同じスクリプトがサブプロセス側で再現され、そこで呼び出した関数が実行される場合があると考えてよく、グローバルエリアに記載したプログラムは再度実行されてしまうことになり、そこで例外が発生して止まるようになっています。しかしながら、起動されたプロセス側では `__name__` は設定されていないので、この if 以下は実行されません。

　プロセスの起動方法は、`multiprocessing.set_start_method` 関数で指定でき、引数には `'fork'`、`'spawn'`、`'forkserver'` のいずれかを指定します。既定の起動方法は OS によって違い、fork の場合では単にプロセスのコピーを作るだけなので、「`if __name__ == '__main__':`」がなくても動く場合もあります。spawn ではプロセスを再度構築して実行に移すので、再度スクリプトを起動するような動作と考えてよいでしょう。なくても動かす方法はあるとはいえ、OS ごとの違いを考慮しなければなりません。不要な場合に、この記述があることによって問題が起こることはない場合もあり、加えて OS ごとの違いをコーディングしないに超したことはないので、「常に記述する」という方法を取ることが効果的であり、Python のコーディングスタイルにも記述されています。なお、この if 文がない場合で、`'spawn'` で起動した場合、「`RuntimeError('context has already been set')`」という例外が出力されます。

　②のように、Process クラスの起動はほぼ Thread クラスと同様に記述できます。しかし、なぜ結果は 0 なのでしょうか？　本章の解説にも記載した通り、Process により別のプロセスが起動され、そのままでは別々のメモリ空間を利用することになります。そのため、起動したプロセスで「`result[index] = s`」により結果を書き込んだつもりでも、そのリスト result はサブプロセス側のものであり、最初に起動し、Process クラスを生成したメインのプロセス側にあるリスト result の要素は 0 のままになります。エラーは出ないものの、正しい結果は得られないプログラムです。

問 7-7（No.87）　multiprocessing モジュールで共有メモリを利用する　★★

問 7-6 では正しい結果を得られなかったので、multiprocessing モジュールにある共有メモリの仕組みを利用して、サブプロセスでの処理結果をメインプロセス側で受け取ることにした。並行処理の方針は問 7-1 と同様である。空欄を埋めよ。

```python
from multiprocessing import Process, Array


def add_all(fr, to, index, array):
  s = 0
  for n in range(fr, to + 1):
    s += n
      ①      = s



worker = [None] * 10
result =    ②
if __name__ == '__main__':
  for i in range(10):
    start = i * 10000
    end = (i + 1) * 10000 - 1
    worker[i] = Process(target=add_all, args=    ③    )
    worker[i].start()
  s = 0
  for i in range(10):
    worker[i].join()
    s +=    ④
  print("{:,}".format(s))
```

出力結果　4,999,950,000

解答 7-7

① `array[index]`

② `Array('i', range(10))` # 第二引数は 10 個の要素を持つもので
　　　　　　　　　　　　　　　あれば別の表現でもよい

③ `(start, end, i, result)`

④ `result[i]`

　共有メモリとしては Value あるいは Array クラスが使えますが、最初の import の部分にあるので、ここでは Array クラスを利用することになります。問 7-1 ではスレッドを複数作りましたが、同一プロセスで稼働するので、メモリ空間は共通です。そのため、グローバル変数で、スレッドの処理結果を蓄積するという手法が取れました。しかしながら、サブプロセスではこの手法は取れないため、自動的にプロセス間でデータ共有を実現する Array クラスを使って、それぞれのサブプロセスが計算した結果をメインプロセスで利用できるようにします。この Array クラスを生成するのは②の部分であり、要素が整数なので第一引数は `'i'`、第二引数は要素が 10 個になるように定義しました。

　この共有メモリのクラス自体は、グローバル変数で伝達はできないので、変数 result はそのままでは参照できません。よって、add_all 関数の引数定義にあるように、4 つ目の引数 array を用意して、Array クラスのオブジェクトへの参照を得て、そこに結果を書き込みます。したがって、①にあるように、引数の Array オブジェクトとインデックスが入っている index 変数の値を利用して array[index] に書き込みます。

　その結果、③にあるように、args= の後のタプルが 4 要素になります。最後は array 引数に渡される Array クラスのオブジェクトへの参照であり、ここではメインプロセス側なので result と記述が可能です。

問 7-8（No.88）　ワーカーのプールを利用した並行処理　★★

　以下のプログラムは問 7-1 と同様な方針で、数値の合計を分割したサブプロセスで行うことを意図したものである。ここでは、10 個のワーカープロセスのプールから非同期実行することにした。空欄を埋めよ。

```
from multiprocessing.pool import Pool


def add_all(fr, to, index):
  s = 0
  for n in range(fr, to + 1):
    s += n
    ①


worker = [None] * 10
if __name__ == '__main__':
  with     ②      as pool:
    for i in range(10):
      start = i * 10_000
      end = (i + 1) * 10_000 - 1
      worker[i] =      ③
    s = 0
    for i in range(10):
      s += worker[i].     ④
    print("{:,}".format(s))
```

出力結果　4,999,950,000

解答 7-8

① `return s`
② `Pool(10)` または `Pool(processes=10)`
③ `pool.apply_async(func=add_all, args=(start, end, i))`
④ `get()`

　この問題は、1 行目の記述からも明白なように Pool クラスだけを利用することが前提となります。Pool クラスで、関数を非同期に実行するのは、apply_async メソッドです。このメソッドの返り値となる AsyncResult クラスのオブジェクトは、get メソッドによって関数の返り値を取得できるので、ワーカープロセスからの値の受け渡しは、関数の返り値を利用することができます。したがって、①は関数 add_all 内で求めた合計値をそのまま返すのが順当な解答です。

　ワーカープロセスを用意するのは、Pool クラスのオブジェクトを生成することで可能です。このクラスは使い終わったら閉じる必要があることから、プログラムをシンプルに記述するために with を利用することがよくあります。②は前に with があるので、10 個のワーカーを作るように Pool を生成するとしたら「Pool(10)」あるいは「Pool(processes=10)」となります。生成したオブジェクトへの参照が変数 pool に代入されます。

　そして、これまでの問題の流れから見ても、③でワーカープロセスを実行することになります。Pool クラスの apply_async メソッドは 1 つの呼び出しでワーカーを割り当てて非同期の実行まで行います。引数は func に実行する関数、args に引数を与えますが、辞書で引数を与える場合には kwds= を利用します。args でも kwds でもどちらでも正解です。Thread や Process と少しだけ名前が違うので注意しましょう。

　このプログラムは join メソッドが呼ばれていませんが、get メソッドは結果が返されるまで待つので、同じような処理が結果的になされていることになります。そこで、④のように、計算結果が返されるのを待って、分割したワーカープロセスそれぞれの合計を求める処理と一緒に記述することができます。なお、get メソッドは、プールを close メソッドでクローズしてしまうと結果を返さないので、2 つ目の for 文も with ブロックの中に入れておく必要があります。

問 7-9（No.89） キューを利用した並行処理間での値の受け渡し ★★★

　以下のプログラムは問 7-1 と同様な方針で、数値の合計を求めている。Process クラスを利用することにしているが、サブプロセスで計算した結果はキューを利用してサブプロセスからメインプロセスに伝達することにする。そのため、メインプロセス側で生成したキューをサブプロセスに引き渡すように add_all 関数は修正している。なお、キューには何番目のプロセスかを示す数値と合計の結果を入れて、変数 result に代入される結果が問 7-1 と同等になるようにしたい。空欄を埋めよ。

```python
from multiprocessing import Process, Queue
from functools import reduce


def add_all(fr, to, index, queue):
    s = 0
    for n in range(fr, to + 1):
        s += n
        ①          # キューに追加する


worker = [None] * 10
result = [0] * 10
q =      ②        # キューを用意する
if __name__ == '__main__':
    for i in range(10):
        start = i * 10_000
        end = (i + 1) * 10_000 - 1
        worker[i] = Process(target=add_all, args=  ③  )
        worker[i].start()
    for i in range(10):
        worker[i].join()
        value =   ④       # キューから値を取り出す
        result[value[0]] = value[1]
    print("{:,}".format(reduce(lambda x, y: x + y, result)))
```

解答 7-9

① `queue.put((index, s))` または `queue.put([index, s])`

② `Queue()`

③ `(start, end, i, q)`

④ `q.get()`

　キューは `Queue()` で利用し、`put` メソッドでオブジェクトを追加し、`get` メソッドで追加した順序で取り出されます。キューの使い方はシンプルなので、プログラムのコメントに従って、これらの記述を行えばよいので、その点では簡単でしょう。キューのオブジェクトは、サブプロセスで実行する側の関数へは引数で渡すことにしているので、`Process` クラスのオブジェクトの生成時に指定する関数の引数 `args` へ代入するタプルは、③のように 4 つの変数を持ったものになります。

　このプログラムは、サブプロセスで処理した結果を、リストに問 7-1 と同じ順番で入れるということを行う必要があります。④の次の行を見ると、リスト `result` に値を代入しているのがわかりますが、`q.get()` で得られた値の最初の引数をリストのインデックスにし、2 つ目の値をインデックスで指定された要素の値としています。となると、タプルだと（インデックス , 値）の形式のものか、リストだと [インデックス , 値] の形式の値が `get` で得られればよいということになります。このどちらかを `put` メソッドの引数に①のように記述すればよいということになります。

　※ なお、`put` メソッドは、データを記録できるまで処理を中断して待ちます（これをブロックと呼びます）が、引数や別メソッドなどの方法でブロックせずにデータの入力ができない場合にはエラーで終了するようにもできます。`get` メソッドについても通常は取り出すまでブロックしますが、空の場合には例外を発生するように引数を指定することもできます。

データサイエンスと 機械学習

　近年、**ディープラーニング**を筆頭に、**データサイエンス**や**機械学習**が様々な分野で利用されています。Python は特にそうした技術を利用するためのライブラリが充実しているプログラミング言語であり、これらの分野の初学者が最初に触れることも多い言語になっています。Python における**機械学習フレームワーク**は TensorFlow や Keras、PyTorch など多く存在しますが、本章では scikit-learn という初学者向けの機械学習ライブラリを用いた例題を取り上げます。scikit-learn では幅広い機械学習アルゴリズムと、データ操作のためのクラスが統一されたインターフェースで提供されており、サンプルのデータセットも多数用意されているため、手元の PC ですぐに実験しながら理解を深めることができるようになっています。

8.1　scikit-learn、NumPy、pandas の利用

　scikit-learn を利用するためには、まず、scikit-learn と NumPy をインストールする必要があります。また、pandas というデータ解析のためのライブラリを使うとデータの整形が行いやすいため、併せてインストールしましょう（本章でも一部使用します）。例えば pip を使用している場合は、「pip install scikit-learn numpy pandas」とするとインストールすることができます。本章の各問題

は、scikit-learn 0.22.1、NumPy 1.18.1、pandas 1.0.1 で動作を確認しています。インストールが完了したら、例えば以下のようにすると、機械学習の練習に使用することができる、iris データセット（3 種類のアヤメの分類を行うためのサンプルデータセット）をロードすることができます。

```
from sklearn.datasets import load_iris
dataset = load_iris()
```

その後、print(dataset.DESCR) のようにすると、データセット自体の説明を読むことができます。iris データセットは、Setosa, Versicolour, Virginica の 3 種類のアヤメに関するもので、1 種類に 50 サンプルずつ合計 150 個のサンプルデータが含まれています。

dataset.data とすることで**説明変数**（**特徴量**とも呼ぶ、予測の根拠となる値）にアクセスすることができ、iris データセットの場合はサンプルごとに「sepal length in cm」、「sepal width in cm」、「petal length in cm」、「petal width in cm」の 4 種類の情報が利用できます。それぞれ、がく（sepal）と花弁（petal）の長さと幅のデータが cm 単位で格納されています。

一方、dataset.target には**目的変数**（予測の目的となる値）が入っていて、iris データセットの場合はアヤメの種類を 0（Setosa），1（Versicolour），2（Virginica）のいずれかの値で表現しています。なお、dataset.data と dataset.target はそれぞれ NumPy の行列データ型である numpy.ndarray になっています。例えば、以下のようにするとランダムフォレストと呼ばれる分類器による学習と予測を行うことができ、分類結果（0，1，2 のいずれか）のリストが出力されます。

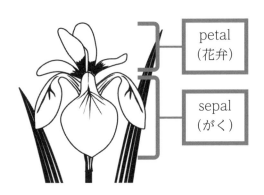

```
from sklearn.ensemble import RandomForestClassifier
RandomForestClassifier().fit(dataset.data, dataset.target) \
                    .predict(dataset.data)
```

　上記のコードでは分類器オブジェクトを RandomForestClassifier() として作成し、その分類器に対して fit メソッドを呼び出すことで学習を、predict メソッドを呼び出すことで予測を行っています。なお、この例では簡単にするため fit メソッドと predict メソッドの両方に同じデータ（dataset.data）を渡していますが、実際には訓練データとテストデータに分けるなどして別々のデータを渡します（同じデータだと、正解を知った上で予測を行ってズルをしていることになるため）。機械学習には大きくわけて分類問題と回帰問題があり、**分類問題**はその名の通り各サンプルがどのクラスに属するかを判定する問題（例：アヤメの分類）です。本章では分類問題のみを扱います。また、分類問題の予測結果は有限の離散値の範囲に収まります。一方で、**回帰問題**は説明変数の値を元に、目的変数の値を連続値で予測する問題です（例：人の年齢や体重などの情報から身長を予測）。

　なお、本章では紙面の都合上、各問題の冒頭で以下の importer.py に import 文をまとめて記述し、各問題プログラムからは「from importer import *」のようにインポートすることとします（一般には、from importer import * のようにワイルドカードのインポートを行うことは推奨されませんので、注意してください）。実際に各問題のプログラムを実行する際には、以下の内容の importer.py をプログラム本体と同じディレクトリに配置して実行するようにしてください。

importer.py ファイルの内容

```
from sklearn.datasets import load_iris
from sklearn.datasets import load_wine
from sklearn.datasets import load_breast_cancer
from sklearn.ensemble import RandomForestClassifier
from sklearn.neighbors import KNeighborsClassifier
from sklearn.metrics import accuracy_score
from sklearn.metrics import recall_score
from sklearn.decomposition import PCA
from sklearn.feature_selection import SelectKBest
from sklearn.feature_selection import mutual_info_classif
```

```
from sklearn.model_selection import train_test_split
from sklearn.model_selection import cross_val_score
from sklearn.model_selection import GridSearchCV
from sklearn.model_selection import KFold
from sklearn.manifold import MDS
from sklearn.pipeline import Pipeline
from sklearn.preprocessing import StandardScaler
import pandas as pd
import numpy as np
import datetime
```

問8-1 (No.90)　ランダムフォレストによる学習　★

　次のプログラムは、scikit-learn の iris データをロードし、33% をテストデータ、残りを訓練データとしてランダムフォレストによって学習と予測精度の評価を行うプログラムである。ソースコードの空欄を埋めて、出力結果と対応したものにすること。

```
from importer import *  # importer.py（本章の冒頭で説明）が必要


iris = load_iris()
X_train, X_test, y_train, y_test = \
    train_test_split(iris.   ①   , iris.   ②   , test_size=0.33,
                     random_state=0)
model = RandomForestClassifier(random_state=0)
model.   ③   (X_train, y_train)
predicted = model.   ④   (X_test)
print(f"Accuracy: {accuracy_score(   ⑤   , predicted)}")
print(f"predicted: \n{predicted}")
```

出力結果

```
Accuracy: 0.96
predicted:
[2 1 0 2 0 2 0 1 1 1 2 1 1 1 1 0 1 1 0 0 2 1 0 0 2 0 0 1 1 0 2 1 0
2 2 1 0 2 1 1 2 0 2 0 0 1 2 2 1 2]
```

① data

② target

③ fit

④ predict

⑤ y_test

train_test_split 関数に説明変数と目的変数の行列データを与えると、引数 test_size に応じた割合で訓練データとテストデータに分割されます。訓練データを fit メソッドに与えることでランダムフォレストによる学習が行われます。そうして学習したモデルに対し、テストデータを与えて predict メソッドを呼び出すことで予測を行い、結果のリストを変数 predicted に代入しています。その後、accuracy_score 関数に正解データである y_test と predicted を与えることで、予測の精度を評価します。以上のような学習→予測→評価が予測モデルを構築する際の基本的な流れになります。なお、出力結果は scikit-learn のバージョンによって異なる可能性があります。

■ 数字ミニ知識　機械学習の用語

機械学習の目的は、説明変数の値から目的変数の値を予測できるモデルを作成することであり、慣例的に説明変数は X、目的変数は y と呼ぶことになっています。また、説明変数と目的変数はそれぞれ多くの別名を持ち、説明変数は例えば「特徴量」、「独立変数」などの呼び方があります。特徴量という呼び方は機械学習の分野で特有の呼び方であり、説明変数や独立変数などの呼び方はもともとは統計学の用語でした。同様に、目的変数は「従属変数」や「応答変数」などの呼び方をされることもあります。

予測モデルの作成と評価を行う際には、サンプルデータを**訓練データ**と**テストデータ**に分けて使用することが一般的であり、まず訓練データで学習を行った後、最終的な精度の評価はテストデータによって行います。予測精度を最適化するためには、**ハイパーパラメータ**（学習アルゴリズムの振る舞いを決める、学習の途中で変更されないパラメータ）のチューニングを行います。ハイパーパラメータのチューニングの際には、訓練データをさらに分割して一部を**検証用**（validation）データとして用い、「様々なハイパーパラメータの条件で学習したモデルを検証用データによって評価し、検証用データに対する性能が最も良かった条件でテストデータを用いて最終的な精度の指標とする」ということがよく行われます（例：問8-9）。

問 8-2（No.91）　予測モデルの比較　★★

　次のプログラムは、問 8-1 のようにモデルの訓練と評価を行う処理を関数化し、3 つの予測モデルを比較している。さらに、処理の時間計測を行うデコレータを定義して使用している。ソースコードの空欄を埋めて、出力結果と対応した動作をするようにすること。

```python
from importer import *  # importer.py（本章の冒頭で説明）が必要


def time(func):
  def wrapper(*args, **kwargs):
    start = datetime.datetime.today()
    result = func(*args, **kwargs)
    end = datetime.datetime.today()
    print(f"elapsed: {(end - start).microseconds / 1e6}sec")
    return      ①
  return      ②


@time
def eval_model(      ③      , X, y):
  X_train, X_test, y_train, y_test = \
    train_test_split(X, y, test_size=0.33, random_state=0)
  model.fit(X_train, y_train)
  predicted = model.predict(X_test)
  return accuracy_score(y_test, predicted)


dataset = load_iris()
# デフォルトのランダムフォレスト
rf = RandomForestClassifier(random_state=0)
# ハイパーパラメータを設定したランダムフォレスト
rf_par = RandomForestClassifier(n_estimators=500, max_depth=100,
                                random_state=0)
```

```
# k近傍法による分類器
knn_par = KNeighborsClassifier(n_neighbors=7, p=3)


for name, model in [      ④      ]:
    accuracy = eval_model(model, dataset.data, dataset.target)
    print(f"Accuracy of {name}: {accuracy}")
```

出力結果（elapsed は実行のたびに変わります）

```
elapsed: 0.097897sec
Accuracy of rf: 0.96
elapsed: 0.473196sec
Accuracy of rf_par: 0.96
elapsed: 0.003518sec
Accuracy of knn_par: 0.98
```

（解答は 2 ページ先にあります）

問 8-3（No.92）　さまざまな評価尺度　　★★

　次のプログラムは、問 8-2 の eval_model 関数の評価尺度を引数として与えられるように変更し、scikit-learn の評価関数と練習で自作した評価関数の結果が一致することを確認するものである。ソースコードの空欄を埋めて、出力結果と対応したものにすること。なお、コメント内に記載されている TP、FP、FN、TN の意味はそれぞれ「TP（True Positive）：正解が真で予測値も真」、「FP（False Positive）：正解が偽だが予測値は真」、「FN（False Negative）：正解が真だが予測値が偽」、「TN（True Negative）：正解が偽で予測値も偽」となったサンプルの数である。

```
from importer import *  # importer.py（本章の冒頭で説明）が必要


def eval_model(model, X, y, eval_func):
    X_train, X_test, y_train, y_test = \
        train_test_split(X, y, test_size=0.33, random_state=0)
```

```
    model.fit(X_train, y_train)
    predicted = model.predict(X_test)
    return   ①   (y_test, predicted)


ds = load_breast_cancer()
model = RandomForestClassifier(random_state=0)


# Accuracy の定義は(TP + TN) / (TP + FP + FN + TN)
def my_accuracy(y_true, y_pred):
    return (   ②   ).sum() / y_true.shape[   ③   ]


# Recall の定義はTP / (TP + FN)
def my_recall(y_true, y_pred):
    t = y_true == y_pred
    tp = (t &   ④   ).sum()
    return tp /   ④   .sum()


for name, eval_func in [('Accuracy', accuracy_score),
                        ('My accuracy', my_accuracy),
                        ('Recall', recall_score),
                        ('My recall', my_recall)]:
    print(f"{name} score of rf:"
          f"{eval_model(model, ds.data, ds.target, eval_func)}")
```

出力結果
```
Accuracy score of rf: 0.9680851063829787
My accuracy score of rf: 0.9680851063829787
Recall score of rf: 0.9669421487603306
My recall score of rf: 0.9669421487603306
```

解答 8-2

① result

② wrapper

③ model

④ ("rf", rf), ("rf_par", rf_par), ("knn_par", knn_par)

　予測モデルの種類や、設定するハイパーパラメータによって実行時間や精度は大きく変動します。例えば RandomForestClassifier の n_estimators は、ランダムフォレストで構築する木の数を設定するパラメータであり、一般には大きく設定した方が性能がよくなりやすいですが、大きすぎると（デフォルト値は 100）本問のように性能は頭打ちになり実行時間だけが余計にかかることになります。また、デコレータに関しては Chapter 2 の復習になっています。

解答 8-3

① eval_func

② y_true == y_pred

③ 0

④ y_true

　評価関数には正解ラベルである y_true と予測結果である y_pred がそれぞれ渡されるため、それらを用いて対応する値を算出します。今回の場合、y_true や y_pred はそれぞれ numpy.ndarray の形で渡されるため、「&」や「==」でそれぞれ要素ごとの論理演算を行った後、sum メソッドで合計を数えることができます。scikit-learn では他にも balanced_accuracy_score や roc_auc_score など、さまざまな評価関数が用意されていて、用途に合わせて切り替えることができます。

　TP、FP、FN、TN は Accuracy や Recall 以外にも種々の評価尺度の定義に用いられますが、詳しく知りたい場合は**混同行列**（Confusion Matrix）に関してインターネットなどで調べてください。

問 8-4（No.93）　交差検証（Cross Validation）による評価　★★

　交差検証とは、データセットを 1 回だけ分割して評価するのではなく、複数パターンに分割して評価を行う手法である。例えば 3 分割の交差検証の場合、まずデータセットを部分集合 A～C に等分し、それぞれの部分集合を 1 回ずつテストデータとして用い、他の 2 つの部分集合は訓練データとして用いて、計 3 回の評価を行う。つまり、「(訓練データ)|(テストデータ)」のように書くとすると、「AB|C」と「BC|A」と「AC|B」の 3 パターンの分割に対し学習と評価を行う。

　次のプログラムは 3 分割の交差検証によって予測精度を評価するプログラムである。前問と同様、scikit-learn の cross_val_score と同じ結果を算出する my_cv を定義している。ソースコードの空欄を埋めて、出力結果と対応させること。

```
from importer import *  # importer.py（本章の冒頭で説明）が必要


def my_cv(model, X, y, kfold):
  result = []
  for train_index, test_index in kfold.    ①    (X):
    model.fit(X[    ②    ], y[    ②    ])
    predicted = model.predict(X[    ③    ])
    result.append(accuracy_score(y[    ③    ], predicted).round(8))
  return result


dataset = load_breast_cancer()
model = RandomForestClassifier(random_state=0)
kfold = KFold(n_splits=3, shuffle=True, random_state=0)
cv_acc = cross_val_score(model, dataset.data, dataset.target,
                         cv=    ④    , scoring="accuracy")
my_cv_acc = my_cv(model, dataset.data, dataset.target,     ④    )
print(f"CV accuracy: {cv_acc}\nMy CV accuracy: {my_cv_acc}\n")
```

出力結果

```
CV accuracy: [0.96842105 0.93684211 0.96296296]
My CV accuracy: [0.96842105, 0.93684211, 0.96296296]
```

解答
8-4

① `split`

② `train_index`

③ `test_index`

④ `kfold`

　`cross_val_score` 関数に KFold オブジェクトを渡すことで、データセットを n_splits の数に分割した上で、各部分集合を 1 回ずつテストデータ（残りは訓練データ）にした交差検証を実行してくれます。`my_crossval_score` 関数ではそれと同様に、KFold オブジェクトの split メソッドの結果を `train_index`, `test_index` に代入し、for ループによって複数回のモデルの評価を行っています。なお、算出したスコアに対し round(8) としているのは、`cross_val_score` の返す結果と桁を揃えるためです。交差検証は、`train_test_split` のように 1 回のみ分割を行うのと比べると、分割の方法の影響を受けづらいため、よりバイアスの小さい（望ましい）評価が行える方法としてよく用いられます。

問 8-5（No.94） データフレームの操作 ★★★

次のプログラムは、load_iris でロードされたデータを元に pandas の DataFrame を作成し、操作を施すものである。コメントの意図通りになるようソースコードの空欄を埋めること。

```python
from importer import *  # importer.py（本章冒頭で説明）が必要

dataset = load_iris()
# load_iris()の結果からDataFrameを作成
df = pd.DataFrame(dataset.data, columns=dataset.    ①    )
print(f"original shape: {df.shape}")
print(df.describe())


# sepal（がく）の長さが5cm以上かどうかを示す列を作成する
df["sepal is long"] = df["sepal length (cm)"] > 5


# sepalの長さが5cm以上の行のみを取得する
long_sepal = df[df[    ②    ]]
print(f"long_sepal shape: {long_sepal.shape}")


# sepalの長さと幅の和を示す列を作成する
df["sepal sum"] =     ③


# sepalが5cm以上かつpetal（花弁）が4cm以下である行のみを取得する
long_sepal_and_short_petal = df[    ④    ]
print("long_sepal_and_short_petal shape: "
      f"{long_sepal_and_short_petal.shape}")


# 「petal」で始まる列を削除する
petal_removed = df[df.columns.drop(list(    ⑤    ))]
print(f"petal_removed: {petal_removed.shape}")
print(petal_removed.describe())
```

出力結果

```
original shape: (150, 4)
        sepal length    sepal width    petal length    petal width
        (cm)            (cm)           (cm)            (cm)
count   150.000000      150.000000     150.000000      150.000000
mean    5.843333        3.057333       3.758000        1.199333
std     0.828066        0.435866       1.765298        0.762238
min     4.300000        2.000000       1.000000        0.100000
25%     5.100000        2.800000       1.600000        0.300000
50%     5.800000        3.000000       4.350000        1.300000
75%     6.400000        3.300000       5.100000        1.800000
max     7.900000        4.400000       6.900000        2.500000
long_sepal shape: (118, 5)
long_sepal_and_short_petal shape: (30, 6)
petal_removed: (150, 4)
        sepal length (cm)    sepal width (cm)    sepal sum
count        150.000000         150.000000     150.000000
mean           5.843333           3.057333       8.900667
std            0.828066           0.435866       0.889272
min            4.300000           2.000000       6.800000
25%            5.100000           2.800000       8.300000
50%            5.800000           3.000000       8.850000
75%            6.400000           3.300000       9.575000
max            7.900000           4.400000      11.700000
```

（解答は 2 ページ先にあります）

問 8-6 (No.95) データの前処理 ★★

　次のプログラムは、欠損値 (np.nan) を含む DataFrame に対し、欠損値の除去及び置換を行った後、StandardScaler によるスケーリングを施すものである。ソースコードと出力結果の空欄を埋めて、対応したものになるようにすること。

```python
from importer import *   # importer.py（本章の冒頭で説明）が必要

feature_df = pd.DataFrame([[1, 120.5, np.nan], [3, 100, np.nan],
                           [np.nan, np.nan, np.nan], [4, 200, 1.5],
                           [2, np.nan, np.nan]])


print(f"original shape: {feature_df.shape}")
# すべての要素が欠損値になっている行を削除
feature_df = feature_df.dropna(how=   ①   )
print(f"shape after row removal: {feature_df.shape}")
# 欠損値の個数が2より多い列を削除
feature_df = feature_df.dropna(axis=   ②   , thresh=   ③   )
print(f"shape after column removal: {feature_df.shape}")
# 欠損値を列ごとの平均値で置換
feature_df = feature_df.fillna(   ④   )
# StandardScalerでスケーリング
feature_df = StandardScaler().   ⑤   (feature_df)
print(f"final df: {feature_df}")
```

出力結果

```
original shape: (5, 3)
shape after row removal: (4, 3)
shape after column removal: (4,    ⑥   )
final df: [[-1.34164079 -0.52654703]
 [ 0.4472136  -1.07540537]
 [ 1.34164079  1.6019524 ]
 [-0.4472136   0.        ]]
```

**解答
8-5**

① `feature_names`

② `"sepal is long"`

③ `df["sepal length (cm)"] + df["sepal width (cm)"]`

④ `df["sepal is long"] & (df["petal length (cm)"] < 4)`

⑤ `df.filter(regex='petal.*')` または
　　`df.filter(like='petal')`

　scikit-learn の計算結果は基本的に NumPy のデータ構造で返却されますが、データを整形したりする場合は本問のように pandas の DataFrame として扱うことで作業がやりやすくなります。DataFrame では、整数の添字だけではなく列や行の名前（文字列）でアクセスすることができるため、ソースコードの可読性も上がります。DataFrame オブジェクトの describe メソッドは、データの総数や平均値、標準偏差など、説明変数の全体的な傾向をつかみたいときに便利です。

　なお、④に関しては `(df["petal length (cm)"] < 4)` のように全体を括弧でくくらない場合、& 演算子の優先順位の関係で意図した結果にならないので注意しましょう。

　⑤の filter メソッドでは、正規表現や部分文字列一致で列の抽出を行っています。

**解答
8-6**

① `"all"`

② `1`

③ `2`

④ `feature_df.mean()`

⑤ `fit_transform`

⑥ `2`

　データに含まれる欠損値は、予測精度に影響を与えるほか、アルゴリズムによってはそもそも学習や予測に失敗することになるため、機械学習を行う上では慎重に扱うべきものになります。方針としては、本問のように一定数以上欠損を含むなら削除（drop_na）をするほか、平均値や中央値で置換（fill_na）する、前後の値で補間（interpolate）を行うなど様々なものが考えられますが、実際にその判断は元のデータの性質（例えば時系列の影響の有無など）も考慮して判断することになります。また、データの分布もアルゴリズムによっては大きな影響があるため、スケーリングに関しても考慮する必要があります。

問 8-7 (No.96)　特徴選択と次元削減　　★

次のプログラムは、load_wine() で得られるデータセットに対して 3 種類の手法で説明変数の次元を減らし、それぞれに対する予測精度や各列の平均値を比較するものである。ソースコードの空欄を埋めて、出力結果と対応するものにすること。

```python
from importer import *  # importer.py（本章の冒頭で説明）が必要


dataset = load_wine()
print(f"original shape: {dataset.data.shape}")
kfold = KFold(n_splits=3, shuffle=True, random_state=0)
dim = 5
# 主成分分析(PCA) による次元削減
pca = PCA(n_components=     ①     )
# 多次元尺度構成法(MDS) による次元削減
mds = MDS(n_components=     ①     , random_state=0)
# 相互情報量(mutual_info_classif)の上位k個を選択
kbest = SelectKBest(mutual_info_classif, k=     ①     )
model = RandomForestClassifier(random_state=0)


for name, transformer in [('pca', pca),
                          ('mds', mds),
                          ('kbest', kbest)]:
    transformed = transformer.    ②    (dataset.data, dataset.target)
    accuracy = cross_val_score(model,     ③    , dataset.target,
                               cv=kfold, scoring="accuracy")
    print(f"shape of {name}: {transformed.shape}")
    print(f"accuracy of {name}: {accuracy}")
    print(f"mean of {name}: {transformed.mean(axis=0)}")
```

出力結果（数値は実行環境などにより若干の違いがある可能性があります）

```
original shape: (178, 13)
shape of pca: (178, 5)
accuracy of pca: [0.93333333 0.88135593 0.86440678]
mean of pca: [-2.04380832e-14 -3.99181312e-16  6.38690100e-16
-1.59672525e-16  3.59263181e-16]
shape of mds: (178, 5)
accuracy of mds: [0.76666667 0.74576271 0.6779661 ]
mean of mds: [-4.31115817e-15  2.35516974e-14 -6.56254077e-14
1.25342932e-14  -2.44298963e-14]
shape of kbest: (178, 5)
accuracy of kbest: [0.96666667 0.93220339 0.98305085]
mean of kbest: [ 13.00061798   2.02926966   5.05808988   2.61168539
746.89325843]
```

（解答は 2 ページ先にあります）

問 8-8（No.97）　パイプラインで処理をまとめる ★★

　次のプログラムは、scikit-learn の Pipeline クラスを使って前処理と予測モデル本体を組み合わせて使用するものである。コメントを読みつつソースコードの空欄を埋めて、コメントの意図どおりに動作するようにすること。

```
from importer import *   # importer.py（本章の冒頭で説明）が必要

dataset = load_wine()
kfold = KFold(n_splits=3, shuffle=True, random_state=0)
# k近傍法に基づいた予測モデルを作成
knn = KNeighborsClassifier()
# StandardScalerによるスケーリング後、
# k近傍法を実行するパイプラインを作成
scaled_knn = Pipeline([('scaler',     ①     ),
                       ('model',      ②     )])
```

```
# StandardScaler→SelectKBestと適用後、
# k近傍法を実行するパイプラインを作成
kbest_scaled_knn = Pipeline([('kbest',
                                SelectKBest(mutual_info_classif, k=5)),
                             ('model',      ③      )])


for name, model in [('knn', knn), ('scaled_knn', scaled_knn),
                    ('kbest_scaled_knn', kbest_scaled_knn)]:
  accuracy = cross_val_score(     ④     ,
                             dataset.data,
                             dataset.target,
                             cv=kfold,
                             scoring="accuracy")
  print(f"CV accuracy of {name}: {accuracy}")
```

出力結果

```
CV accuracy of knn: [0.71666667 0.6779661  0.76271186]
CV accuracy of scaled_knn: [1.         0.91525424 1.         ]
CV accuracy of kbest_scaled_knn: [0.95       0.91525424 0.98305085]
```

① dim

② fit_transform

③ transformed

　説明変数の数が多いデータセットを扱う場合、計算量などの関係や、人間が大まかな分布のイメージを掴みやすくするために次元を減らすことがあります。手法としては大きく分けて、本問の PCA や MDS のように元の説明変数の値を元に新たな値を算出して次元を減らす方法と、説明変数のうち、特に重要なもののみをそのまま抽出する方法（SelectKBest など）の 2 つがあります。いずれの方法も説明変数を任意の次元数（n_components や k で指定）に減らすことができますが、その性質は大きく異なります。

解答 8-8

① StandardScaler()

② knn または KNeighborsClassifier()

③ scaled_knn

④ model

　本問については、ハイパーパラメータの設定の有無などは問わないこととします。

　Pipeline に対し、まとめたい処理とその名前のタプルのリストを渡すことで、Pipeline オブジェクトを作成することができます。前処理と予測モデル本体を Pipeline オブジェクトにまとめると、作成した Pipeline オブジェクトそのものが予測モデル本体と同様のインターフェースを備えるため、fit と predict を呼び出すことができるようになるほか、cross_val_score 関数などにそのまま予測モデルとして渡すことができるようになります。また、後述する問 8-9 のような使い方はかなり便利なものになります。なお、本問で k 近傍法の精度はスケーリングの有無に大きく影響されていますが、これは k 近傍法自体が説明変数に関する距離を元に予測を行うため、スケールの大きな説明変数をそのまま用いるとスケールの小さな（小さいけど重要な意味を持つかもしれない）説明変数を無視してしまうためです。

問 8-9（No.98）　ハイパーパラメータの探索（チューニング）　★★

　次のプログラムは、scikit-learn の GridSearchCV 関数を使って SelectKBest および KNeighborsClassifier に関して適切なハイパーパラメータの探索を行うものである。ソースコードの空欄を埋めて、出力結果と対応した動作をするようにすること。

```python
from importer import *  # importer.py（本章の冒頭で説明）が必要


dataset = load_wine()
# 1 ≦ k ≦ 9、 3 ≦ n_neighbors ≦ 7の探索空間を定義
search_space = {"kbest__k":       ①     ,
                "      ②     ": range(3, 8)}
kbest_knn = Pipeline([("kbest", SelectKBest(mutual_info_classif)),
                      ("model", KNeighborsClassifier())])
X_train, X_test, y_train, y_test = \
  train_test_split(dataset.data, dataset.target, test_size=0.33,
                   random_state=0)
# search_space内をGridSearchCV関数で探索
grid_cv = GridSearchCV(kbest_knn, param_grid=search_space, cv=4)
grid_cv.     ③     (X_train, y_train)
# 最も優秀だったパラメータの条件を表示
print(f"best parameters: {grid_cv.     ④     }")
print(f"best scores: {grid_cv.best_score_}")
# 探索したパラメータの条件でテストデータを予測
predicted =      ⑤     .predict(X_test)
print(f"score for test_data: {accuracy_score(y_test, predicted)}")
```

出力結果（数値は実行する度に変わります）
```
best parameters: {'kbest__k': 2, 'model__n_neighbors': 5}
best scores: 0.8735632183908046
score for test_data: 0.8813559322033898
```

解答
8-9

① range(1, 10)

② model__n_neighbors

③ fit

④ best_params_

⑤ grid_cv

GridSearchCV オブジェクトはパラメータの探索を行うことができますが、それ自体が予測モデルとしてのインターフェースを備えています。GridSearchCV オブジェクトの fit メソッドを呼び出すと、param_grid として渡したハイパーパラメータの全組み合わせ（本問では 9 × 5 = 45 通り）に対して交差検証を行い、最も精度が優秀だったハイパーパラメータの条件を選出します。さらに predict を呼び出すことで、そのハイパーパラメータの条件で学習を行ったモデルに基づいて予測を行います。

GridSearchCV には本問のように Pipeline オブジェクトを渡すことができ、こうすることで予測モデル自体のハイパーパラメータと前処理のハイパーパラメータの両方を自動的に探索することができます。引数 param_grid を指定する際には、"kbest__k" のように Pipeline 内のステップ名とハイパーパラメータ名をアンダースコア 2 つでつなげた形で指定します。今回は train_test_split で分割したテストデータを用いた評価を行いましたが、cross_val_score による評価を行うことで Nested Cross Validation と呼ばれる手法に拡張することができます。

問 8-10 (No.99) 自作クラスを含めたパイプライン ★★★

次のプログラムは、「学習時に欠損値を 1 つでも含む列を記録し、必ず除去する」自作クラスである NanRemover を Pipeline に組み込み学習と予測を行うものである。ソースコードと出力結果の空欄を埋め、対応したものになるようにすること。

```python
from importer import *  # importer.py (本章の冒頭で説明) が必要


class NanRemover:
    def fit(self, X, y=None):
        nan_count = X.       ①       ().sum(axis=0)
        self.bad_columns = nan_count[     ②     ].index.tolist()
        print(f"bad_columns: {self.bad_columns}")
        return self

    def transform(self, X, y=None):
        return X.drop(columns=     ③     )


features = pd.DataFrame([[5, np.nan], [3, np.nan], [5, 147],
                        [1, 110], [2, 99]], columns=['a', 'b'])


target = pd.Series([True, False, True, False, False],
                   index=features.index)
X_train, X_test, y_train, y_test = \
    train_test_split(features, target, test_size=0.4, shuffle=False)
model = Pipeline([('remover',     ④     ),
                 ('model', RandomForestClassifier(random_state=0))])
predicted = model.fit(X_train, y_train).predict(X_test)
print(f"accuracy: {accuracy_score(y_test, predicted)}")
```

出力結果　bad_columns:　　⑤

　　　　　accuracy: 1.0

<table>
<tr><td rowspan="5">**解答**
8-10</td><td>① isnull</td></tr>
<tr><td>② nan_count > 0</td></tr>
<tr><td>③ self.bad_columns</td></tr>
<tr><td>④ NanRemover()</td></tr>
<tr><td>⑤ ['b']</td></tr>
</table>

　本問の NanRemover のように、fit(self, X, y=None) と transform(self, X, y=None) さえ呼び出せるオブジェクトなら、Pipeline の前処理部分に組み込むことができます。NanRemover の仕様は極端なものですが、実用の際は需要に合わせて fit と transform を実装することで柔軟に Pipeline を構築することができます。なお、RandomForestClassifier はそのままだと欠損値を扱えないため、NanRemover による処理を挟まないと実行時エラーになります。

解答 5-5 のクイズの解答

問 5-5 は、フランスの電話番号にマッチさせるものでした。まずは、解答でも示した使ったパターンをみましょう。

```
pattern = "^0[1-9]([␣.-]?[0-9]{2}){4}"
```

日本語でいうと「0 で始まって、その次 0 ではない桁。その後『適当な区切りか区切りなしと 2 桁』を 4 回繰り返す」と考えるかもしれません。

しかしここに数学と自然言語のずれがあります。4 回繰り返すということは 4 回同じく繰り返すと違います。なので、

区切りなしと 2 桁 + スペースと 2 桁 + ドットと 2 桁 + ハイフンと 2 桁

も pattern にマッチされます。考えなかったパターンは「0836.65-65 65」のような複数の区切りを使うパターンです。

解答 5-10 のクイズの解答

re.match(r"\[(?P<text>.+)\]", link) を実行すると、テキストが

表示されるテキスト。[リンク

にならない理由はわかりますか。逆に、このようなマッチをしたい時はどうすればいいかわかりますか。ヒント：貪欲にならないでください。

Chapter 5 の問題前の解説文を読んだ方に大きなヒントでしょう。解説文の 5.3 に「*+? は、なるべく長い文字列とマッチしようとします。... と呼びます。」が書いてあります。なので、途中で他のブラケットがあっても、なるべく長い文字列は最後のブラケットまでですね。最小マッチは「+?」で書きます。

```
m = re.match(r"\[(?P<text>.+?)\]", "[表示されるテキスト。[リンク]の情報]")
print(m.group('text'))
```

出力結果 表示されるテキスト。[リンク

索引

Index

筆者紹介

Grodet Aymeric （ごろで　えむりく）

　博士（理学）、ライフマティックス株式会社　ソフトウェア開発部。フランス・ブルゴーニュ大学理工学研究科修士情報通信科学専攻修了、愛媛大学大学院理工学研究科博士後期課程数理物質学専攻修了。複雑な問題の簡単な解決策を探すのが専門、アルゴリズムに深く興味を持つ。自動化スクリプトを書きすぎ。

松本　翔太 （まつもと　しょうた）

　博士（工学）、ライフマティックス株式会社　ソフトウェア開発部。早稲田大学大学院基幹理工学研究科情報理工学専攻博士後期課程修了後、現職。在学中は数式処理および数値計算を用いたシステム検証を研究していたが、就職直前からライフサイエンスに興味を持ち始め、現在はいちエンジニアとして何ができるかを日々模索中。好きなキーボードショートカットは Emacs の Ctrl + T。

新居　雅行 （にい　まさゆき）

　博士（工学）、ライフマティックス株式会社　ソフトウェア開発部。電気通信大学大学院後期博士課程情報システム学研究科社会知能情報学専攻修了。日経パソコン記者、ローカス、アップルジャパン、フリーランス、国立情報学研究所を経て現職。主な著者には『Macintosh アプリケーションプログラミング』『新リレーションで極める FileMaker』がある。JavaScript/PHP ベースの Web アプリケーションフレームワーク「INTER-Mediator」をオープンソースとして開発している。

各章扉および 8.1 節のイラスト：イラストポップ（illpop.com）

Python 基礎ドリル
穴埋め式

2020 年 4 月 10 日　　第 1 版第 1 刷発行

著　　者	Grodet Aymeric
	松 本 翔 太
	新 居 雅 行
発 行 者	村 上 和 夫
発 行 所	株式会社 オーム社

郵便番号　101-8460
東京都千代田区神田錦町 3-1
電話　03(3233)0641(代表)
URL　https://www.ohmsha.co.jp/

©Grodet Aymeric・松本翔太・新居雅行　*2020*

組版　トップスタジオ　　印刷・製本　壮光舎
ISBN978-4-274-22515-4　Printed in Japan

本書の感想募集　https://www.ohmsha.co.jp/kansou/
本書をお読みになった感想を上記サイトまでお寄せください。
お寄せいただいた方には、抽選でプレゼントを差し上げます。